**Business**Village

Nick Stanforth

# WIN WITH OKR

**MINDSET. METHODIK. MITEINANDER.**

**Business**Village

Nick Stanforth
**Win With OKR**
Mindset. Methodik. Miteinander.
1. Auflage 2020
© BusinessVillage GmbH, Göttingen

**Bestellnummern**
ISBN 978-3-86980-560-3 (Druckausgabe)
ISBN 978-3-86980-561-0 (E-Book, PDF)
ISBN 978-3-86980-562-7 (E-Book, EPUB)

Direktbezug www.BusinessVillage.de/bl/1103

**Bezugs- und Verlagsanschrift**
BusinessVillage GmbH
Reinhäuser Landstraße 22
37083 Göttingen
Telefon: +49 (0)551 2099-100        Fax: +49 (0)551 2099-105
E-Mail: info@businessvillage.de     Web: www.businessvillage.de

**Layout und Satz** | Sabine Kempke

**Illustrationen** | Carola Stanforth

**Druck und Bindung** | www.booksfactory.de

**Copyrightvermerk**
Das Werk, einschließlich aller seiner Teile, ist urheberrechtlich geschützt. Jede Verwertung außerhalb der engen Grenzen des Urheberrechtsgesetzes ist ohne Zustimmung des Verlages unzulässig und strafbar. Das gilt insbesondere für Vervielfältigung, Übersetzung, Mikroverfilmung und die Einspeicherung und Verarbeitung in elektronischen Systemen. Alle in diesem Buch enthaltenen Angaben, Ergebnisse usw. wurden von dem Autor nach bestem Wissen erstellt. Sie erfolgen ohne jegliche Verpflichtung oder Garantie des Verlages. Er übernimmt deshalb keinerlei Verantwortung und Haftung für etwa vorhandene Unrichtigkeiten. Die Wiedergabe von Gebrauchsnamen, Handelsnamen, Warenbezeichnungen usw. in diesem Werk berechtigt auch ohne besondere Kennzeichnung nicht zu der Annahme, dass solche Namen im Sinne der Warenzeichen- und Markenschutz-Gesetzgebung als frei zu betrachten wären und daher von jedermann benutzt werden dürfen.

# Inhalt

**Über den Autor** ................................................................ 9

**Danksagung** .................................................................. 11

**Auftakt** ...................................................................... 13

**Kapitel 1 | Worum geht's?** ................................................... 19
Ziele gemeinsam setzen, verfolgen und erreichen ................................ 20
Fallbeispiel: Start-up versus Established Mindset .............................. 32
**WAS** ist OKR? ............................................................... 34
**WARUM** bietet mir OKR einen Mehrwert? ....................................... 39
**WIE** implementieren wir OKR erfolgreich? .................................... 41
**WER** kann von OKR profitieren? .............................................. 46
**WANN** sollte ich OKR einführen? ............................................. 47

**Kapitel 2 | Engage – Die ersten Schritte in die Welt von OKR** ................ 49
**WARUM** ich? ................................................................. 52
**WAS** sind meine Optionen? ................................................... 52
**WIE** kann ich anfangen? ..................................................... 56
**WER** sollte in einen ersten Testlauf involviert sein? ....................... 63
**WANN**, wenn nicht jetzt? .................................................... 68

## Kapitel 3 | Crafting Part I – Geniale Prioritäten ergeben awesome OKRs .......... 73
**WAS** bedeutet OKR ganz praktisch gesehen? ........................................................ 77
**WARUM** sollten wir gewohnte Pfade verlassen? ................................................... 79
**WANN** sollten wir den nächsten Zyklus starten? ................................................... 81
**WIE** können wir unsere Ziele bestimmen? ............................................................ 85
**WER** muss dabei sein? .......................................................................................... 90

## Kapitel 4 | Crafting Part II – WIN WITH – Traumhafte Os und mutige KRs ......... 93
**WAS** wird passieren? ............................................................................................. 97
**WARUM** WIN WITH OKR? ..................................................................................... 104
**WIE** craften wir WIN WITH OKRs? ......................................................................... 106
**WANN** setze ich welche OKRs? ............................................................................. 112
**WER** ist für welches OKR verantwortlich? ............................................................. 115

## Kapitel 5 | Alignment – Doppelarbeit vermeiden, Teamarbeit sichern ............. 117
**WAS** versteht man unter Alignment? ................................................................... 120
**WARUM** ist Alignment wichtig? ........................................................................... 122
**WIE** funktioniert Alignment? ................................................................................ 123
**WANN** sind wir aligned? ....................................................................................... 132
**WER** ist verantwortlich? ....................................................................................... 133

## Kapitel 6 | Erste Zwischenbilanz – Aus Worten werden Taten ... 139

## Kapitel 7 | Tracking – Data-Driven Fortschritt ... 143
**WAS** genau soll ich tracken? ... 146
**WARUM** tracken wir überhaupt? ... 148
**WER** soll was tracken? ... 149
**WANN** wird getrackt? ... 150
**WIE** tracke ich effektiv? ... 153

## Kapitel 8 | Check-ins – Kommunikation ist alles ... 155
**WAS** genau ist ein Check-in? ... 161
**WER** checkt was? ... 163
**WANN** sollen wir ein Check-in organisieren? ... 166
**WARUM** sind Check-ins bei OKR so wichtig? ... 169
**WIE** können wir unseren Fokus setzen? ... 170

## Kapitel 9 | Grading – Aus Behauptungen werden Erkenntnisse ... 175
**WAS** ist das richtige Grading-Mindset? ... 177
**WARUM** graden wir? ... 178
**WER** gradet wen? ... 180
**WANN** sollen wir graden? ... 183
**WIE** grade ich zielführend – hilft eine Software? ... 184

**Kapitel 10 | All Hands – Eine OKR-Kultur für das ganze Unternehmen** ............ 191
**WAS** ist ein All-Hands-Event? ................................................................... 193
**WARUM** machen alle mit? ........................................................................ 195
**WANN** planen wir ein All-Hands-Event? ................................................... 196
**WER** macht was? ..................................................................................... 197
**WIE** holen wir das meiste aus unserem Event? ........................................ 200

**Kapitel 11 | WIN WITH OKR – A Force for Good** ....................................... 205

**Kapitel 12 | Ziel erreicht** ......................................................................... 209

**Anhang** ................................................................................................... 215
Glossar WIN WITH OKR ............................................................................... 216
Literaturquellen und Links ........................................................................... 222
Abbildungsverzeichnis ................................................................................. 224

# Über den Autor

Nick Stanforth war einer der ersten Coaches von Objectives and Key Results in Europa. Er hat es mit seinen eigenen Werkzeugen und Methoden kombiniert und so das Programm WIN WITH OKR zur Einführung und Begleitung von OKR konzipiert.

Als Gründer von Progress Factors arbeitet er im internationalen Umfeld mit einer kleinen Gruppe von gleichgesinnten Progress Coaches. Nach dem Motto »Helping people to love their job« verfolgt er das Ziel, Menschen zu unterstützen und zu helfen, sich täglich für ihre Arbeit zu begeistern.

**Nick Stanforth is on a mission to rid the workplace of boredom and depression.**

Dieser Satz beschreibt die Philosophie von Nick Stanforth sehr genau. Ins Deutsche übertragen meint er sinngemäß, dass alle Menschen wieder leidenschaftlich und ohne Angst auf der Arbeit für ihre Ziele kämpfen sollen.

Group Hugs und Teamtagungen gehören jedoch nicht zu seinem Konzept. Sein Erfolgsrezept besteht darin, dem

Einzelnen zu helfen, wieder den Sinn in seiner Arbeit zu erkennen, seine eigenen Erwartungen zu erfüllen oder zu übertreffen und somit auch das Bewusstsein zu haben, einen Teil zum Wachstum seiner Firma beigetragen zu haben.

Durch die fünfundzwanzig Jahre seines bisherigen Arbeitslebens zieht sich ein roter Faden: Wie kann ich dazu beitragen, Teams zu motivieren, sich schnell und effektiv komplett auf etwas einzulassen und offen für Veränderungen zu sein?

Vor seinem Engagement für OKR leitete der gebürtige Brite, der an der Heriot-Watt Universität einen Abschluss in Laserphysik erworben hat, ein mittelständisches Unternehmen und war Manager bei BMW.

**Kontakt:**
E-Mail: future@progressfactors.com
Web: www.progressfactors.com

# Danksagung

Im Laufe meiner persönlichen Entwicklung haben mich so viele Menschen inspiriert und unterstützt, von denen ich einige in meinem Vorwort erwähne und denen ich auf unterschiedlichste Weise sehr dankbar bin. Insgesamt hätte ich noch zahlreiche weitere nennen können, was jedoch den Rahmen des Buchs sprengen würde.

In meinem Umfeld möchte ich ein großes Dankeschön an diejenigen geben, die mir beim Feinschliff des Buchs konkret geholfen haben und auf deren Feedback ich mich stets verlassen konnte: Anuschka, Brid, Marita, Dominik, Robert und Tom.

Mein besonderer Dank geht an Carola und Corinna. Ihr habt von Anfang an meine OKR-Reise mitgestaltet, sowohl beim Weiterentwickeln meiner WIN-WITH-OKR-Methodik als auch beim Schreiben des Buchs. Ich danke euch für eure Geduld, eure ehrlichen und kritischen Worte, euren Einsatz und dafür, dass ihr immer an mich geglaubt habt. Euer Feedback war unbezahlbar für diesen hier nun vorliegenden Guide, der jedem OKR-Spezialisten sowie auch dem Anfänger helfen kann, von unserem WIN-WITH-OKR-Ansatz zu profitieren und zu lernen, wie er seinen Job ein kleines bisschen mehr lieben kann.

# Auftakt

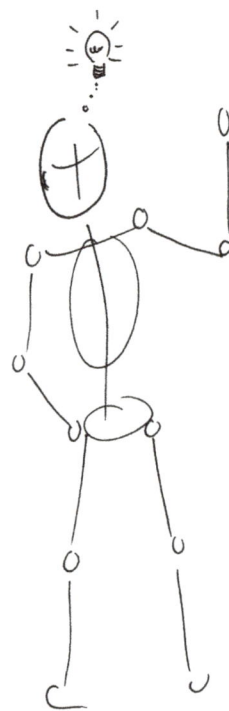

Lange bevor ich das erste Mal von OKR gehört habe, war ich in ein Projekt bei Rolls Royce Aerospace in England involviert. Es war ein sehr wichtiges Projekt, mit signifikanten Herausforderungen. Hier habe ich jedenfalls Andy Knox kennengelernt.

Andys Credo: Geht nicht, gibt's nicht. Das Unmögliche zu erzielen bedeutet, Dinge herunterzubrechen und jede Möglichkeit ein paar Mal herumzudrehen. Um es in Andys Worten zu sagen: »Wir genießen alle das Abklatschen und Radschlagen am Ende eines erfolgreichen Projekts, aber das Davor ist der entscheidende Zeitpunkt. Die meisten Ehen laufen super in den Flitterwochen, aber egal ob in der Ehe oder im Geschäftsleben – Hürden gemeinsam zu meistern ist der eigentliche Maßstab für Erfolg.«

Nigel Sullivan ist Chief People Officer in einem sehr großen Unternehmen und ein guter Freund. Ich habe kaum einen besseren Leader kennengelernt – und ich habe viele inspirierende Manager auf meinem Weg getroffen – der so sehr dafür steht, seine Mitarbeiter zu inspirieren, Dinge laufen zu lassen. Er ermuntert sein Team stetig, zu wachsen und sich weiterzuentwickeln. Nigel hat sich immer die Zeit genommen, mir zuzuhören, mich in die richtige Richtung zu weisen und mich immer ermutigt, weiter zu machen, wenn mir einmal Zweifel kamen. Nigel war auch derjenige, der mir vorgeschlagen hatte, einen Workshop von Decoded zu besuchen. Dieser Besuch erhöhte nicht nur den Qualitätsstandard meiner Workshops maßgeblich, sondern öffnete mir auch die Tür für die Geheimnisse der digitalen Welt. Bei diesem Workshop habe ich Kathryn Parsons, eine Mitbegründerin von Decoded, kennengelernt. Sie hat mehr Auszeichnungen erhalten als Muhammad Ali. Was auch immer am Horizont auf uns zukommt, Kathryn hat dafür schon früh ein untrügliches Verständnis. Unsere Gespräche waren immer sehr inspirierend. Sie hat mir gezeigt, dass man an seinen Visionen festhalten und an sich glauben muss.

Ein weiterer Freund, der mir auf meinem Weg immer mit Rat und Tat und vielen langen Gesprächen zur Seite stand, ist James Graham. Er war Chief Intellectual Property Officer einer großen Firma und hat seine Zeit damit verbracht, andere zu beraten, wie sie mit ihren Erfindungen umgehen sollen. Neben vielen anderen Dingen hat Jim mir auch das Buch »The Lean Start-up« empfohlen, kurz nachdem es veröffentlicht wurde. Inhalte aus diesem Buch haben mittlerweile einen zentralen Platz in meiner WIN-WITH-OKR-Methode gefunden.

Um noch spezifischer in die OKR-Richtung zu gehen – John Doerr, Rick Klau, Christina Wodtke, Paul Niven und Ben Lamorte sind alles Namen von Menschen, die ich nie persönlich treffen durfte, deren Offenheit bezüglich »Wie man OKR macht« ich aber vieles verdanke.

Talita Ferreira, Peter Lexa, Gregor Röhrig, Matthias Wessel, Rainer Holler und Oliver Eckert sind Namen von Kunden, die an meinen Ansatz glaubten und mich immer ermutigt haben, meinen WIN-WITH-OKR-Weg weiterzuentwickeln.

Es wurden bereits viele tolle Bücher und Blogs publiziert, die sehr genau erklären, was OKR (Objectives and Key Results) ist und warum auch Sie es einführen sollten. Viele OKR-Fallstudien beschreiben, wie enorm erfolgreich Unternehmen mit einem hoch motivierten Team, das zu jeder Veränderung bereit ist, mit der OKR-Methode arbeiten, um das nächste Wunder zu verwirklichen. OKR erscheint dabei wie ein Wundermittel, um schneller nicht nur mehr, sondern einfach Großes und Unvorstellbares zu erreichen.

In der Tat – bei einer erfolgreichen Anwendung von OKR machen sich die Teams of Winners OKR als Werkzeug völlig zu eigen. So erreichen sie jedes Quartal mehr, als sie sich zunächst vorstellen konnten, lernen täglich etwas dazu und überprüfen regelmäßig ihre Prioritäten. Ihre Firma genießt in der Folge enorme und stetige Vorsprünge. Die Ironie dabei ist: Obgleich die OKR-Methodik verblüffend einfach ist, stellt die Veränderung des Mindsets den entscheidenden Faktor für den Erfolg von OKR in eingespielten Teams dar.

Ich war einer der ersten Anwender der Methode in Europa überhaupt, daher sagen manche von mir, ich sei ein echter Early Adopter in Sachen OKR. Inzwischen kann ich auf viele Jahre Erfahrung zurückblicken, denn ich habe Teams in den unterschiedlichsten Geschäftsumfeldern trainiert und beraten. Ein Early Adopter nimmt typischerweise anfängliche Qualitätsprobleme eines noch unreifen Produkts in Kauf, wenn er dafür zu dessen ersten Käufern oder Anwendern zählen kann. (Denken Sie an die erste Person, die Sie kennen, die ein Hybridfahrzeug gekauft hat.) Mein Fokus liegt dabei auf der kulturellen und organisatorischen Veränderung bei großen Unternehmen mit etablierten Geschäftsmodellen.

Mir ist sehr schnell bewusst geworden, dass es in einer reifen Organisation nicht ausreicht, allen hundert oder tausend Mitarbeitern beizubringen, was OKR ist, um das volle Potenzial von OKR auszuschöpfen.

Und so habe ich WIN WITH OKR entwickelt. WIN WITH OKR vermittelt den Teilnehmern nicht nur, was OKR ist und was sie umsetzen sollen, sondern entwickelt gemeinsam mit ihnen einen innovativen und motivierenden Umgang mit OKR.

Basierend auf buchstäblich tausenden von Gesprächen mit OKR-Schülern, -Anwendern, -Skeptikern und anderen -Trainern, teilt dieses Buch Ihren Frust und enthält meine praktischen Ratschläge, um Sie auf die Überholspur zu bringen vom Zero zum OKR-Hero.

Egal, ob Sie erst vor der Entscheidung stehen, OKR einzuführen, sich gerade damit abmühen, mit OKR in die Gänge zu kommen und ein tieferes Verständnis zu erlangen oder ob Sie einfach nur nach Inspirationen suchen – dieses Buch wird all Ihre Fragen beantworten, wie Sie mit WIN WITH OKR gewinnen können.

Enjoy!

Lesehinweis: Ich verwende ausschließlich aufgrund der besseren Lesbarkeit die männliche Schreibweise. Selbstverständlich sind stets alle Geschlechter gemeint.

## Kapitel 1

# Worum geht's?

## Ziele gemeinsam setzen, verfolgen und erreichen

Was ist wichtiger als eine Zielsetzung? Richtig: ihre Umsetzung!

Objectives and Key Results, aka OKR, entspricht dieser kleinen Vorsilbe »Um«. Mit ihr wandert das Thema Strategie aus dem Vorstandszimmer zu allen Mitarbeitern in Werkhallen und Büros. Dies setzt den strategischen Vorsprung und die Wettbewerbsvorteile auf die tägliche Agenda eines jeden – ganz gleich ob Mitarbeiter oder Führungskraft.

OKR ist eine innovative und andere Art der Zielsetzung: Es überlässt Fortschritt und Innovation nicht mehr dem Zufall. Teams lernen, sich wesentlich wirksamere Ziele zu setzen. Sie konzentrieren sich auf die wenigen wichtigen Dinge, arbeiten effektiver zusammen und entdecken neue Möglichkeiten. So lösen sie in der Folge erstaunlich einfach altbekannte Probleme.

In einem ergebnisorientierten Arbeitsumfeld ist jeder Einzelne bereit, Erfolge ohne Weiteres zu teilen und Fehler als Lernerfahrung zu schätzen. Er traut sich schließlich, von großen Zielen zu träumen.

Mit diesen Erfolgen in Aussicht, gestützt durch legendäre Firmengeschichten der vergangenen zwanzig Jahre, ist es kein Wunder, dass so viel darüber geredet wird. OKR-Spezialisten, die wundersame Erfolge ganz ohne Mühe anpreisen, schießen aus dem Boden. An jeder Ecke finden Sie teure Zwei-Tages-OKR-Einführungsschulungen, die versprechen, Ihnen alles Notwendige zu erzählen, damit Sie mühelos den Fußstapfen von Google folgen können.

Aber wer lebt wirklich vor, was wir Berater predigen? Wer schreibt über die Fehler und wer lernt von den vielen,

vielen Problemen, die auch diese berühmten Firmen bewältigen mussten, bevor sie ihren OKR-Sweet-Spot gefunden haben?

Wenn Sie diese Erfolgsgeschichten etwas genauer betrachten, werden Sie erkennen, dass es bei der Einführung von OKR nicht nur um Quick-Wins und Erfolge über Nacht geht. Wir sprechen über echte Erkenntnisse aus der Realität, wie Sie die ersten OKR-Hürden erfolgreich meistern und wie Sie eine passende Kultur in Ihrer Organisation etablieren.

Zunächst stellt sich jedoch die Frage: Was soll OKR überhaupt bezwecken?
Ganz gleich, wie viele Blogs wir lesen oder inspirierende TED Talks wir uns anschauen: Es scheint, als stünden die meisten C-Level-Führungskräfte immer noch unter einem enormen Druck, die letztjährige Rekordleistung dieses Jahr zu toppen, den Shareholder Value zu erhöhen, koste es, was es wolle.

OKR bietet zum Glück eine Alternative für diesen sehr kurz gedachten Ansatz zu langfristigem Erfolg. OKR führt zu wesentlich besseren Ergebnissen als die althergebrachte Strategie des Ausreizens von Überstunden. Sie müssen die Gesundheit Ihres Teams währenddessen nicht aufs Spiel setzen.

Die Stärke von OKR liegt in seiner Einfachheit. Es ist skalierbar und passt in die meisten Geschäftsbereiche, weil man nur einige einfache Regeln beherzigen muss. Während diese einfachen Regeln OKR zugänglich machen, liegt seine wahre Macht in der kulturellen Veränderung, die es auslöst.

Diesen Veränderungsprozess zu meistern ist auch Bedingung für einen nachhaltigen OKR-Erfolg. Und den Wandel von Wissen, Denken und Haltungen in den Köpfen zu meistern, das ist die eigentliche Herausforderung bei OKR.

Wenn Sie nur eine einzige Erkenntnis aus diesem Buch mitnehmen, dann die, dass der OKR-Erfolg kaum von der Methodik, sondern im Wesentlichen vom Mindset abhängt.

Peter Drucker, einer meiner Führungshelden, hat wohl als Erster den prägenden Satz gesagt: »Culture eats strategy for breakfast.« Ich unterstütze diese Aussage voll und ganz. Aber wir möchten ja schließlich nicht, dass die Kultur verhungert, oder?

In diesem Buch zeige ich Ihnen einen Weg, Ihre Organisationskultur, also Ihr OKR-Mindset, so zu etablieren, dass sie Ihnen Ihr Endziel ermöglicht. Einfach, indem wir sie mit der richtigen Strategie zum Frühstück füttern.

**DEFINITION**

*Transition Journey beschreibt den organisatorischen Wandel, der sich nicht nur auf den Wandel selbst bezieht, sondern auch auf das Mindset derjenigen, die sich auf diese Reise begeben: Die Organisationskultur erhält eine Persönlichkeit und ein Gesicht, das einen nachhaltigen Wandel ermöglicht.*

**Leinen los!**

Also lassen Sie uns gleich die Segel setzen für unsere Transition Journey:

Stellen Sie sich vor, wir befinden uns auf einem Segelboot, nein, lassen Sie uns groß denken: Wir befinden uns auf einer Jacht. Was müssen wir bedenken, um gut ans Ziel zu kommen? Wir müssen die Segel so setzen, dass wir das volle Potenzial des Windes ausschöpfen können! Wir müssen das Ruder richtig einstellen. Es könnte eine Rolle spielen, wie schnell wir kreuzen können, also die Richtung wechseln, und wie lange wir einen Vorwindkurs einhalten, um unsere Konkurrenten durch unseren Windschatten zu bremsen.

Dies sind alles unsere Key Results oder die wesentlichen Einflussfaktoren, die vermutlich darüber entscheiden, ob und wie gut oder wie schnell wir unser Reiseziel erreichen.

Diese Faktoren zu beherrschen könnte entscheidend für den Erfolg sein. Dennoch wären all diese Key Results wertlos, wenn wir keine Möglichkeiten finden, zu messen, ob wir sie einzeln erreicht haben – beziehungsweise wie nah dran wir sind, sie zu erfüllen und wo wir im Vergleich zur Konkurrenz stehen.

Wie schnell wir mit dem Boot kreuzen können, um die Richtung zu wechseln, können wir ganz einfach mit einer Stoppuhr prüfen. Es ist eine Segelroutine, die gut geübt werden und ohne komplizierte Geräte oder Spezialwissen gemessen werden kann.

Ein Blick auf die Form der Segel bestätigt im Gegensatz hierzu, dass es weitaus schwieriger werden wird, festzustellen, wie gut wir sie gesetzt haben, als es auf den ersten Blick erscheinen mag. Unser bloßes Auge bringt keine robusten Zahlen und auch die Geschwindigkeit des Boots beinhaltet zu viele Variablen: Es gibt einfach zu viele Faktoren, die auch die Geschwindigkeit beeinflussen können.

Nun, ich bin Laserphysiker und habe meine Karriere im Bereich der Aerodynamik in der Automobilindustrie begonnen. So liegt es für mich nah, den Durchschnittsdruck auf das Segel als messbare Kennzahl für mein Key Result zu wählen. Ergänzend dazu messe ich noch, ob der zentrale Druckpunkt genau an der richtigen Stelle für unser jeweiliges Manöver anliegt. Vielleicht beziehe ich mich sogar noch auf die These meiner Abschlussarbeit über Elektronische Specklemuster-Interferometrie als mögliche Messung, um Hologramme und doppelbrechende optische Glasfasern für die Analyse der Form des Segels in Echtzeit zu messen.

Wenn Sie nun überlegen, ob Sie das Buch in die Ecke werfen, nachdem Sie den letzten Absatz gelesen haben, kann ich Ihnen vergewissern, dass ich Ihren Frust komplett teile. Es mag sein, dass ich etwas übertreibe, aber in ähnlicher Form wie in der Überlegung, welches die optimale Segelform ist und wie diese physikalisch ermittelt werden kann, finden täglich in Organisationen auf der ganzen Welt unzählige sinnlose und nervenaufreibende Zieldiskussionen statt: Wenn wir könnten, ... ich glaube, dass, ... meiner Meinung nach ...

Wenn Sie sich die Zeit nehmen wollen und die ganzen wissenschaftlichen Begriffe nachlesen, könnten Sie vielleicht sogar herausfinden, dass diese Messmethode in der Tat das Segeln revolutionieren könnte. Wissenschaftlich, theoretisch betrachtet ist das ein spannendes Key Result. Es sei denn, Sie möchten den America's Cup gewinnen. Dann wird Ihr Budget und Ihr begrenzter Personalbestand wahrscheinlich meinen vorgeschlagenen Ansatz unausführbar machen. Als Physiker kann ich theoretisch alles, aber praktisch ...? Nun, das steht auf einem anderen Blatt.

Wir müssen also lernen, die Dinge so einfach wie möglich zu halten, wenn wir versuchen, das große Ganze zu erreichen. Meinungen ohne Zahlen, Daten, Fakten sind wie heiße Luft ohne Ballon – nutzlos. Und Key Results ohne klare und leicht zu messende Ziele sind genau das gleiche bei OKR.

### Segel setzen

In diesem Buch werden wir ganz tief eintauchen in die Kunst, bedeutungsvolle und effektive Ziele zu setzen. Wir werden lernen, dass, egal wie theoretisch fantastisch unsere Ziele in einem Labor sein würden – ohne sie einfach überwachen zu können, während wir durch die stürmischen Wellen des täglichen Geschäfts auf den wilden Meeren unserer Transition Journey navigieren müssen – sie würden nur theoretisch exzellent bleiben, aber ohne großen Einfluss auf unser ultimatives Ziel.

Aber Moment mal, bitte! Welches ultimative Ziel? Habe ich Sie nicht gerade dazu eingeladen, mich auf meinem Boot auf meine Transition Journey zu begleiten? Eine weise Frau hat mal gesagt »Never board a boat without knowing its destination« (Gehe nie an Bord eines Schiffes, ohne sein Ziel zu kennen).

Was ist nun unser Ziel? Wollen wir eine Regatta gewinnen? Wollen wir mit unseren Freunden lernen, wie man richtig segelt? Oder will ich als Großvater an einem sonnigen Nachmittag beim Segeln meine Enkelkinder genießen?

Lassen Sie uns mal für einen kurzen Augenblick innehalten. Denken Sie darüber nach, wie ich Sie direkt in das Setzen meiner Key Results reingezogen habe, ohne zuvor auch nur annähernd mit Ihnen abgesprochen zu haben, welchen ultimativen Nutzen das Erreichen unserer Key Results überhaupt erzielen soll. Hier kommt das Objective ins Spiel: ein kurzer Satz, der das zugrunde liegende »what for« zu all unseren Aktivitäten beschreibt – der Grund, warum wir diese Key Results erfüllen möchten.

Obwohl das Internet schier platzt mit all seinen Büchern und Blogs über das »Finden Sie Ihr Warum«, verbringen die meisten Führungskräfte, die ich zu Beginn einer OKR-Einführung treffe, viel zu wenig Zeit damit, zu überlegen, welchen Mehrwert ihre Ziele der Gesamtorganisation bieten können. Vielleicht priorisieren wir unsere Hauptprioritäten nicht mehr, weil das Setzen von Zielen bereits zu einem regelmäßigen Bestandteil unseres geschäftlichen Lebens geworden ist. Anders ausgedrückt:

Wir widmen unseren wichtigsten Quartalszielen fast genauso viel Zeit, wie den einfachen wöchentlichen Aufgaben. Weil wir einfach hervorragend dazu ausgebildet sind, Ziele schnell zu setzen, machen wir es auch.

Irgendetwas macht ping: Wir hetzen zum nächsten was auch immer; jemand brüllt »Leinen los!« und schon stimmen wir wichtigen Zielen zu, während die Frage nach dem Warum wieder einmal vergessen wird. Wir hasten los, um die Segel zu setzen.

Wollen wir einfach nur etwas Sport mit unseren Freunden machen, um uns vor einer Prüfung zu entspannen oder ist das Wofür, das unserem Objective zugrunde liegt, ein starkes Team aufzubauen, bevor wir alle gemeinsam den Mount Everest erklimmen wollen?

### Kurs bestimmen!

Die letzten zwanzig Jahre habe ich in der Nähe einer der größten europäischen Seen gelebt und muss zugeben, dass ich bisher noch nicht dazu gekommen bin, meinen Segelschein zu machen. Ein großes Versäumnis in Bezug auf mein Zeitmanagement – vielleicht ja, vielleicht nein? Es ist alles eine Frage des Setzens von bewussten Prioritäten.

Messbare Key Results zu haben und ein Verständnis für das Warum unseres Objectives sind drei wichtige erste Schritte auf unserer Transition Journey, aber es gibt noch viele weitere.

Wir müssen anschließend lernen, wie wir nicht nur großartige Ziele setzen können, sondern auch bewusste und oft schwierige Entscheidungen treffen, um die richtigen Prioritäten aus der langen Liste an wundervollen Möglichkeiten abzuwägen. Wie ein Förster, der einige gesunde Bäume fällen muss, damit die anderen gedeihen können, so müssen auch wir lernen, loszulassen und bewusst zu entscheiden, welche großartigen Initiativen wir nicht unterstützen, damit die anderen Chancen zu gewaltigen Eichen wachsen können.

Ein Wendepunkt in meiner Karriere war, als eine meiner großen Heldinnen, Kathryn Parsons, Mitgründerin von Decoded, zu mir sagte: »Nick, wir haben sieben Leute, die die Arbeit machen, die du alleine stemmst!« Glauben

Sie mir, ich sag das nicht, um anzugeben. Es war der Moment, an dem mir plötzlich klar wurde, was ich die ganze Zeit falsch gemacht hatte.

Mein Durst nach Wissen ist unendlich. Und ich bin so glücklich, in dieser Generation der unbegrenzten Möglichkeiten zu leben. Ich habe jedoch auch durch meine eigenen Fehler lernen müssen, dass die einzige Möglichkeit, mehr zu Ende zu bringen, darin besteht, weniger anzufangen.

Die Herausforderung, mit der die meisten Organisationen heutzutage konfrontiert werden, ist die grenzenlose Anzahl von Möglichkeiten, die uns zur Verfügung stehen. Wir können Daten bis ins kleinste Detail analysieren, können täglich von Millionen kostenlosen Blogs lernen, können unsere eigenen 4K-Filme schneiden und sogar unseren eigenen Soundtrack aufnehmen, können unsere eigenen Podcast-Interviews veröffentlichen, um das Ergebnis zu bewerben, ohne dafür auch nur aufstehen zu müssen.

In der Tat kommt der Erfolg selten dadurch zustande, dass man viele Dinge zur gleichen Zeit erledigt. Es kommt darauf an, die Störgeräusche herauszufiltern, um die essenziellen Dinge zu finden, die uns zu unserem gewünschten Ziel bringen können. Ohne eine bewusste Entscheidung bezüglich unseres Ziels, das wir erreichen möchten, zu fällen, werden wir nur im Kreis segeln.

Als nächsten Schritt müssen wir sicherstellen, dass wir uns die Erträge unserer Arbeit anschauen. So wie jeder Bauer sein Getreide einfährt und jeder Cent, den wir bei der Arbeit investieren, einen ROI (Return on Invest) liefern sollte, so müssen wir lernen, einen ROTI zu messen und eine Verbesserung zu erwarten. ROTI (Return on Time Invested) wird oftmals dafür verwendet, einen einfachen Weg zu beschreiben, um zu messen, wie effektiv ein Meeting gewesen ist, zum Beispiel indem man die Teilnehmer bittet, eine Hand zu heben und mit der Anzahl der gezeigten Finger anzuzeigen, wie gut das Meeting gewesen ist. Hier beziehe ich mich generell mehr darauf, zu beurteilen, ob die Aktivitäten, an denen Sie arbeiten, wirklich vorteilhaft (einträglich) für Ihr ultimatives Ziel sind.

Das bedeutet, zu hinterfragen, ob die Zeit, die wir investieren, einen Mehrwert liefert.

Ich erzähle meinen Teilnehmern im Workshop, dass Management nicht bedeutet, die perfekte Entscheidung zu treffen, sondern den besten Kompromiss zu finden. Wäre das Leben voller fantastischer oder fürchterlich düsterer Möglichkeiten, könnte jeder sehr schnell eine klare Entscheidung treffen. Aber so ist es nun mal nicht. Eine bewusste Entscheidung zwischen zwei ziemlich guten Möglichkeiten zu treffen, ist die Herausforderung, und OKR wird Ihnen dabei helfen, dies zu bewerkstelligen.

Außerdem ändert sich die Welt in einer noch nie dagewesenen Geschwindigkeit.

Der Ausdruck VUCA wurde erstmals vom U.S. Army War College Ende der Neunzigerjahre des vergangenen Jahrhunderts mit seiner heutigen Bedeutung eingeführt, um die unbeständige (volatile), ungewisse (uncertain), komplexe (complex) und mehrdeutige (ambiguous) Welt, in der wir leben, zu beschreiben. In dieser VUCA-Umgebung besteht die Herausforderung nicht nur darin, regelmäßig schwierige Entscheidungen zu treffen. Die schiere Anzahl von Möglichkeiten bedeutet außerdem, dass wir uns nicht mehr darauf verlassen können, dass ein paar schlaue Leute diese für uns treffen.

### Eine bewusste Entscheidung wird selten bereut

Es gibt häufig so viele potenziell Erfolg versprechende Möglichkeiten, die uns dazu verleiten, alles andere fallen zu lassen und etwas komplett anderes zu machen. Ich bin ein großer Fan von Strategic Pivoting. Aber bewusste Entscheidungen zu treffen, bezüglich wenn, wie und wann ein Richtungswechsel erfolgen soll, kann absolut entscheidend für den Erfolg unserer Reise sein.

Wenn wir also bemerken, dass die Boote hinter uns mit großer Geschwindigkeit näherkommen, müssen wir vielleicht unsere Strategie ändern. Das bedeutet jedoch nicht, dass wir hektisch mehr und härter arbeiten müssen. Wir müssen reif und selbstbewusst genug sein, unsere eigenen Annahmen zu hinterfragen – vorwärtszuschauen und vorauszusehen, wie der Wind auf dem Weg, auf dem wir uns befinden, weht. Wir müssen kollaborieren, während wir unsere Möglichkeiten abwägen, und dann zuversichtlich eine bewusste Entscheidung fällen, wann wir den Kurs ändern und wann eben nicht. Zu guter Letzt müssen wir ausreichend mutig sein, lieb gewonnene Ziele aufzugeben, egal wie großartig und stichhaltig sie sind. Manchmal muss man anderen, besseren Möglichkeiten eine Chance geben, zu wachsen.

Die gute Nachricht hierbei ist, dass Sie selten eine bewusste Entscheidung bereuen – und es gibt auch nicht mehr nur die eine einzige perfekte Wahl. Die heutige VUCA-Welt bietet viele tolle Wege zu unseren gewählten Zielen. Wenn wir den Distributed-decision-making-Ansatz unterstützen, wodurch andere befähigt werden, die richtigen Wege für uns auszuwählen, kommen wir zügiger voran. Denn so vermeiden wir, dass diese wenigen schlauen Leute zu dem werden, was ich einen Bottleneck of Growth nenne.

Was ich damit meine? Wenn Vorgesetzte alle Entscheidungen selbst treffen wollen, weil sie nicht darauf vertrauen, dass ihr Team wichtige Entscheidungen auch selbst fällen kann, werden sie zwangsläufig die Erfolgsrate ihrer Organisation verlangsamen. In einer komplexen Welt reicht es meiner Überzeugung nach nicht mehr aus, wenn nur die Führungskraft denkt und entscheidet, während sich die Teams darauf verlassen. Eine klügere Strategie besteht in Folgendem – und darin sollte meiner Meinung nach der letztliche Purpose einer Führungskraft heute liegen: Führende müssen sicherstellen, dass ihr Team die Arbeit ohne sie erledigen kann. Vertrauen und Befähigung sind hierzu entscheidende Schlüsselworte.

## DEFINITION

Purpose eines Geschäfts im strategischen Sinn wird heutzutage dazu verwendet, den Grund für die Existenz des Geschäfts, den positiven Einfluss, den es auf die Welt hat und den Grund, aus dem die richtigen Leute mit dem richtigen Mindset hier arbeiten wollen, zu beschreiben. Wie wir in diesem Buch lernen werden, ist Strategie nicht mehr länger das Erfüllen von langfristigen Plänen, sondern vielmehr das Beantworten von Schlüsselfragen, um unseren Purpose zu unterstützen.

Dies beginnt schon beim Verständnis für die tatsächlichen Risiken beim Delegieren und wie man sie abschwächen kann, indem man ein Team mit besonders fähigen Mitspielern entwickelt.

Und Ihre Organisation kann weiterhin gedeihen.

Um Objectives and Key Results in einem Satz zusammenzufassen, hat Michael Porter uns gesagt:
»The essence of strategy is choosing what not to do.«
(Das Wesentliche der Strategie ist, zu wählen, was man nicht macht.)

Indem ich Porters Rat gefolgt bin, liegt der Purpose dieses Buchs, also mein ultimatives Objective, wenn Sie so wollen, darin, dass Sie und Ihre Kollegen besser erkennen, was wirklich zum Erfolg führt. Wenn Sie Ihre Prioritäten besser kennen und vor allem auch wissen, was nicht zu tun ist, dann wird Ihr tägliches Tun Sie wesentlich effektiver auf der Reise zu Ihrem erwünschten Erfolg ans Ziel führen.

Wenn Sie zuversichtlich sind, dass Sie alles, was ich oben beschrieben habe, nicht nur ausnahmsweise mal in einem Workshop umsetzen wollen, sondern mit Ihrem täglichen Business verweben, dann weiß ich, dass ich meinen Purpose erfüllt habe.

**FALLBEISPIEL**

## Start-up versus Established Mindset

Katja (Name geändert) ist der CEO eines großen deutschen Unternehmens. Sie ist dem Vorstand beigetreten, nachdem ihr jetziger Arbeitgeber Katjas extrem erfolgreiches Start-up gekauft hatte. Sie ist dort nun verantwortlich für die gesamte Firmenstrategie.

Ich war bereits der dritte OKR-Unternehmensberater, der beauftragt worden war, um dieser Firma beratend zur Seite zu stehen. Die anderen beiden Berater hatten versucht, OKR einzuführen, aber der Widerstand und die Skepsis gegenüber OKR war in der gesamten Firma spürbar. Sie empfanden OKR als nächstes Problem, mit dem sie sich herumschlagen mussten und viele prognostizierten, dass es in ihrer Umgebung niemals funktionieren würde.

Nach einem ersten Assessment und vielen Gesprächen mit Schlüsselpersonen im Unternehmen, berichtete ich Katja und ihren Direct Reports meine Beschlüsse: Obwohl meine Vorgänger teilweise irreführende Inhalte vermittelt hatten, kam der eigentliche Frust daher, dass bisher gar nicht beachtet wurde, dass der Kulturwandel, der mit einer erfolgreichen OKR-Einführung einhergeht, ausreichend begleitet werden muss.

Katja ist eine sehr starke Führungsperson, die ich sehr respektiere. Sie stand meinem Ratschlag zunächst skeptisch gegenüber. Sie hatte bereits selbst eigenhändig OKR bei ihrem Start-up eingeführt und betrachtete dies als einen der Schlüsselfaktoren für die maßgebliche Erfolgsgeschichte ihrer eigenen Firma. Daher hatte sie letztendlich OKR auch in ihrer neuen, größeren Organisation vorgeschlagen. Weil OKR ein einfaches und skalierbares System ist, kann es ja nicht so schwierig sein, es auch hier einzuführen – war der Gedanke.

Am Anfang haben wir es daher langsam angehen lassen, aber nachdem die ersten Früchte unserer Arbeit zum Tragen kamen, wurde auch allen anderen deutlich, dass OKR eine Kraft für das Gute sein kann – die Lösung für viele andere Probleme.

### DEFINITION

*OKR-Champions: Manche nennen sie Masters, wir reden lieber von OKR-Champions. Dies sind Ihre ersten internen Ansprechpartner für alles in Sachen OKR. Anfangs besteht ihre Funktion darin, alle Schulungen zu organisieren. Im Laufe der Zeit entwickeln sie sich dank intensivem Coaching zum internen Berater, der alle OKR-Events eigenständig koordiniert und moderiert. Sie halten sogar interne Schulungen und beraten den Chief in Sachen effektive Strategien und deren Umsetzung.*

Katja hat inzwischen in interne OKR-Champions investiert. Diese wurden von ihren anderen Aufgaben befreit, damit sie sich voll und ganz auf die Herausforderung konzentrieren konnten, das Mindset zu verändern. Sie haben unaufhaltsam gearbeitet, um ihre Kollegen auf ihrer gemeinsamen Transition Journey zu unterstützen, zu betreuen und zu führen. Die Champions haben große Arbeit geleistet und sie wurden zu einem der effektivsten Champions-Teams, die ich getroffen habe.

# **WAS** ist OKR?

### Wovon sprechen wir hier eigentlich?

Objectives and Key Results ist ein zweistufiger Ansatz für strategische Zielvorgaben. Er besteht aus Objectives (=visionäre Zustände), die man unbedingt erreichen möchte, sprich wofür man brennt, und Key Results, die dazu dienen, diese Objectives zu verwirklichen.

### Was ist das Besondere an OKR?

OKR hat viele Vorteile, die ich in diesem Buch alle beschreibe. Meiner Meinung nach ist der wirkungsvollste von allen die Absicht, die dahintersteht: OKRs werden nie dazu verwendet, persönliche Leistung zu messen, sondern sind vielmehr ein Werkzeug, die Unternehmensleistung zu steigern beziehungsweise die gesamte Organisation weiterzuentwickeln.

### Wie unterscheidet sich OKR von anderen strategischen Instrumenten?

Das Zusammenspiel zwischen Objectives und Key Results hebt das Vereinbaren von Zielen auf ein ganz neues Niveau. Bessere Ergebnisse werden erzielt und Innovation vorangetrieben.

Außerdem setzen wir OKRs in sehr kurzen Abständen, üblicherweise in Dreimonatszyklen. Auf diese Weise hinterfragt die gesamte Organisation ihre Prioritäten jedes Quartal noch einmal und gleicht sie miteinander ab. Diese kurzen Strategiezyklen haben zwei entscheidende Vorteile: Zum einen stellen wir dadurch sicher, dass diese wichtigen Prioritäten immer noch relevant für den Geschäftserfolg sind, während sowohl die Firma als auch die Welt sich stetig ändern. Zum anderen behalten alle Beteiligten ihre strategischen Ziele im täglichen Fokus, ganz anders als bei Jahreszielen, die oftmals im Laufe des Jahres in Schubladen verschwinden und erst für das nächste Strategiemeeting wieder angeschaut werden.

Die Anzahl der OKRs sind begrenzt, damit wir viel mehr Fokus auf das Wesentliche legen. Gleichzeitig verhindert dies, dass wir uns verzetteln, sprich – wir fangen weniger an und bringen mehr zu Ende.

Teams sprechen ihre Prioritäten anders ab als in anderen strategischen Systemen. Dadurch wird die Zusammenarbeit besonders gefördert. Dies wiederum bewirkt, dass alle mit vereinten Kräften an denselben Themen arbeiten. Die linke Hand weiß, was die rechte tut.

**DEFINITION**

Mit dem OKR-Zyklus wird der Zeitabstand zwischen den OKR-Zielsetzungen gemessen. Er ist gefüllt mit einer Reihe von Aktivitäten, die in diesem Buch beschrieben werden. In vielen Fällen arbeiten OKR-Anwender mit Zwölf- und Dreimonatszyklen parallel, sodass jährliche und Quartalsziele gleichzeitig angestrebt werden können. Diese Taktfrequenz wird oft als Cadence bezeichnet.

## Was ist der Unterschied zwischen OKR und WIN WITH OKR?

OKR ist ein Open-Source-strategisches Ziel-Framework, das auf eine einfache Art und Weise die höchsten Prioritäten auf die Tagesordnung aller Mitarbeiter setzt. OKR liefert das »um« bei der Formulierung »Ziele umsetzen«, sodass überragende Fortschritte in kürzeren Abständen durch den Fokus auf das Wesentliche erreicht werden.

OKR wurde bei Intel erfunden beziehungsweise etabliert, um die spezifischen damaligen Herausforderungen der Firma Intel zu bewältigen. Dank genialer Menschen wie John Doerr und Rick Klau wurden diese Methodik und das Mindset außerhalb der Firmen Intel beziehungsweise Google bekannt gemacht und verbreitet, sodass zahlreiche weitere Firmen von der Kraft und Wirkung profitieren können.

WIN WITH OKR wiederum ist eine Vorgehensweise, die Personen, Teams und Firmen hilft, nicht nur die OKR-

# Der OKR-Zyklus

*Durch das stetige Hinzufügen von Werten bleibt Ihr OKR-Rad immer in Bewegung*

**ALL HANDS**

- Crafting
- Alignment
- Tracking
- Check-in
- Grading

Ihre Prioritäten

**HINWEIS**

Im Verlauf des Buchs werden Best-Practices für alle Elemente im OKR-Zyklus vorgestellt. Ein paar bewusste Entscheidungen zu Beginn sparen Frustration und halten die Dinge weiter in Bewegung.

Methode, sondern vor allem auch das notwendige OKR-Mindset schnell und mühelos zu etablieren. Es sichert motivierende Erfolge in den ersten OKR-Zyklen, sodass der OKR-ROI schneller zu erwarten ist und mehrfach verbessert/gesteigert wird. Letzten Endes macht WIN WITH OKR Ihre OKR-Transition Journey zur motivierenden Reise mit einem angenehmen Ziel.

Als Lernmethode haben wir WIN WITH OKR in meiner Firma Progress Factors entwickelt und verbessern sie stetig. Alle Erkenntnisse und Erfahrungen, die wir in den hunderten von OKR-Anwenderschulungen, Einführungen und Coachings über jeweils mehrere Quartale machen konnten und weiterhin machen, fließen hier mit ein. Dabei kombinieren wir OKR auch mit einigen anderen großartigen New-Work-Ansätzen und ergänzen das Ganze dann noch mit unserer eigenen Changemanagement-Erfahrung, damit Sie effektive Ziele setzen und diese leicht erreichen.

Durch diese schnelle und leichte OKR-Einführung erreichen wir, dass sich die Zeit und Energie, die Sie am Anfang der OKR-Reise investieren, schnell auszahlen.

### Wie unterscheiden sich OKR und MbO?

OKRs Wurzeln sind tief in der MbO- (Management by Objective)-Methodik verankert. Der österreichische Management-Guru Peter Drucker, der über mehrere Jahrzehnte Professuren an verschiedenen amerikanischen Universitäten innehatte, hat MbO konzipiert. MbO stellt die Basis aller modernen Zielvereinbarungssysteme dar. Teilweise ist OKR eine Weiterentwicklung von MbO, jedoch mit kürzeren Zielzyklen und optimierten Abstimmungsprozessen.

Im Laufe der Zeit mutierte MbO zu einem echten Top-Down-Monster, bei dem Ziele am Anfang des Jahres festgelegt und dann für die nächsten Monate vergessen werden. Dabei vermengt es strategische Zielvorgaben und persönliche Leistungsbeurteilung in einer sehr unproduktiven Art. Wie auch bei OKR, waren die grundsätzlichen Prinzipien von MbO ursprünglich »Mach es für die Firma«, »Denke eigenständig« und »Fühle dich selbst als Teil des Erfolgs«. Dann entwickelte sich die MbO-Daumenschraube jedoch zu »Mach es für deinen Bonus« und »Handele möglichst niedrige Ziele aus«.

Ich frage mich wirklich, was ein Zielvereinbarungssystem bringen kann, bei dem Mitarbeiter alles daransetzen, ihre Chefs davon zu überzeugen, dass sie möglichst wenig erreichen können.

### Wie unterscheiden sich Output- und Outcome-Kulturen?

Ganz einfach: Die Output-Kultur misst Erfolg daran, wie viel Mühe und Energie benötig wird, um etwas zu erreichen. Für die Outcome-Kultur ist es uninteressant, wie hart gearbeitet wird (Output), weil nur das Erzielen der Ergebnisse (Outcome) zählt.

### Ist OKR agil?

Ja und nein: Wenn Sie unter »agil« die Projektmanagementmethode verstehen, wie sie im Agile Manifesto von 2001 beschrieben wird, dann ist OKR auf gar keinen Fall agil.

Wenn Sie unter agil jedoch verstehen, dass OKR lediglich der Denkweise aus dieser Methode entspricht, dann ja, absolut.

### Was ist der Unterschied zwischen OKR und agilem Projektmanagement?

Die beiden Systeme sind eng miteinander verwandt, haben jedoch unterschiedliche Anwendungszwecke: Agiles Projektmanagement ist ein iterativer Ansatz zur Produktentwicklung. OKR ist eine Methodik, Prioritäten zu setzen und strategische Vorteile für Organisationen und ihre Mitarbeiter zu ermöglichen.

Es gibt eine kleine Überschneidung für den Fall, dass beispielsweise eine neue Produktentwicklung von signifikanter strategischer Bedeutung ist. Selbst dann aber haben die beiden Methoden verschiedene Zwecke: Agiles Projektmanagement realisiert ein marktgerechtes Produkt, während die projektbezogenen OKRs den strategischen Vorteil dieses Projekts für die Fima in den Vordergrund stellen.

## **WARUM** bietet mir OKR einen Mehrwert?

### Wie wird OKR unsere Arbeitsweise verändern?

In Kürze: Anstatt sich Ziele nur zu setzen, werden Sie diese mit OKR auch erreichen.

Der erste oft überraschende Gewinn ist, dass OKR Ihren aktuellen Zustand sehr transparent macht. Sie werden ein tiefes Verständnis dafür erlangen, wie Gruppendynamiken die Leistung beeinflussen. Sie werden außerdem herausfinden, was Sie bisher gebremst hat.

Sie arbeiten fokussierter an den wenigen wichtigen Dingen, die einen langfristigen Vorteil liefern, anstatt sich vom Alltagsgetümmel ablenken zu lassen.

Nach einiger Zeit werden Ihre Ziele spezifischer und mächtiger. Sie werden dann nicht nur Ihre höchsten Prioritäten mit anderen Teams abstimmen, sondern auch enger zusammenarbeiten und lernen, wie Sie die vielen unwichtigen Dinge beiseitelassen können (und das stellt oftmals eine viel größere Herausforderung dar, als man so denkt).

### Warum wenden Firmen OKR an?

Vor hundertfünfzig Jahren konnte man erstaunliche Entwicklungen im medizinischen Bereich feststellen. Im Anschluss war es die Transportindustrie, die im wahrsten Sinne des Wortes abgehoben ist. In unserer Generation erleben wir nun die dynamische Entwicklung im Bereich Kommunikation und Informationsmanagement. Dadurch verändert sich unsere Gesellschaft und wir beeinflussen uns gegenseitig mehr denn je. Mit dem nun beginnenden Einsatz von künstlicher Intelligenz scheint sich dieses Tempo auch weiterhin nicht zu verlangsamen.

Auch auf die Gefahr hin, dass es sich darwinistisch anhört: Firmen müssen sich heute immer mehr auf die eigene Anpassungsfähigkeit verlassen als auf ihr bestehendes Produktportfolio.

OKR ermöglicht ihnen genau das: die Fähigkeit, regelmäßig zu reflektieren, effektiver zu kommunizieren, strategische Vorteile stets zu überprüfen und zu verwirklichen. Das alles müssen Mitarbeiter berücksichtigen, während das Unternehmen fortwährend auf einen sich schnell ändernden Markt reagieren muss.

**Wir haben bereits Agile, Kaizen, CIP, Lean, Swarm und Working Out Loud im Unternehmen. Wir haben bestimmt keine Zeit, auch noch OKR zu machen!?**
Bei OKR geht es nicht darum, noch mehr zu tun. Im Gegenteil: Es ist eine Methode, die hilft, uns auf das Wesentliche zu konzentrieren. Es wird Ihre Erfolgsrate der anderen Tools und Maßnahmen erhöhen.

Ich komme aus der Naturwissenschaft und beschreibe OKR daher manchmal als Katalysator – eine Substanz, die eine Reaktion beschleunigt, ohne dabei selbst direkt beteiligt zu sein. Manche meiner Kunden bevorzugen die Beschreibung, dass OKR ein Fahrzeug ist, um all die anderen Werkzeuge zu transportieren, die sie schnell ans Ziel bringen.

# WIE implementieren wir OKR erfolgreich?

## Also was jetzt?

Es gibt so viele richtige Antworten auf diese Frage, die wir im Einzelnen in dem Kapitel »Engage« besprechen. Hier eine kurze Zusammenfassung, wie es für uns gut funktioniert:

Ihre Führungsebene muss hinter Ihrem Projekt stehen. Ein OKR-Erfolg fängt beim Mindset der Führungskräfte an.

Finden Sie jemanden, der bereits in einer OKR-Umgebung gearbeitet hat und weiß, wie das Endergebnis aussehen sollte. Stellen Sie auch sicher, dass diese Person ausreichend zeitliche Kapazität hat, alle Personen, die in das Projekt involviert werden, zu unterstützen. Es kann wirklich zu fatalen Folgen führen, wenn Sie bei den ersten OKR-Schritten versuchen, eine Abkürzung zu gehen. Mein Anliegen ist, nicht stetig mit dem Zaunpfahl zu winken und dadurch für Unterstützung durch gute Berater zu werben. Aber wie bei allen Dingen ermöglicht professionelle Hilfe, Frust und Verzögerungen in der Implementierungsphase zu vermeiden. Daher mein Tipp: Wenn Sie keine ausreichenden internen Skills oder Kapazitäten haben, sollten Sie sich einen professionellen Coach leisten. Der ROI für Ihre investierte Mühe wird sich wesentlich schneller auszahlen.

Fällen Sie einige simple, aber wichtige Entscheidungen direkt zu Beginn, wie zum Beispiel: Wie viele OKRs darf jede Person haben? Oder: Wie lang soll Ihr OKR-Zyklus sein?

Beginnen Sie mit einem Pilotteam (oder am besten zwei!), um die Mechanismen und Eigenarten von OKR kennenzulernen, bevor Sie die Methodik in der ganzen Organisation einführen.

### Welche Teile von OKRs sollte man zuerst einführen?

OKR ist kein Sometimes-Thing. OKR nur halbherzig oder zwischendurch zu machen, vergleichen wir gerne mit dem Schieben eines Fahrrads, anstatt es zu fahren (Pushing the Bicycle): Sie besitzen zwar ein praktisches Werkzeug, aber weil Sie es nicht richtig benutzen, ist der Umgang damit mühsam und macht Sie außerdem noch langsamer. Nur einzelne Teile von OKR herauszupicken, wird unweigerlich zu einer Menge Frust führen. Dann hören Sie Stimmen wie: »Tolles Werkzeug, aber uns bringt es nichts«.

Sie müssen sich auf das OKR-Fahrrad schwingen, sich bequem auf einen guten Sattel setzen und sich komplett auf Ihre OKR-Reise einlassen, um die Fahrt zu genießen.

### Welche klassischen OKR-Stolperfallen erwarten uns, wenn wir das Bicycle nur pushen?

OKR ist ein sogenanntes Garbage-In-Garbage-Out-System (GiGo), ein Begriff aus der Informatik.

**DEFINITION**

Garbage bedeutet Müll. Der Garbage-In-Garbage-Out-Effekt wurde von den ersten Programmier-Pionieren verwendet, um zu beschreiben, dass, wenn Sie unsinnige Informationen in ein Computerprogramm eingeben, Sie auch unsinnige Antworten daraus erhalten. Mit anderen Worten, wenn Sie nutzlose Ziele setzen, bekommen Sie auch nutzlose Ergebnisse.

Einer der häufigsten Fehler ist, ein Objective zu bestimmen, welches verlockend nach einem solchen klingt beziehungsweise so formuliert ist – aber in Wirklichkeit adressiert es keine Ihrer wahren Prioritäten. Beginnen Sie lieber damit, darüber nachzudenken, welche Themen Sie behandeln möchten. Gehen Sie erst danach an die Formulierung Ihrer Objectives.

Unsere Erfahrung hat in dem Zusammenhang auch gezeigt, dass die Teilnehmer sich in diesem Fall häufig schwertun, den OKRs ihre tatsächlichen Prioritäten an-

zuvertrauen. Dieses fehlende Verständnis verleitet sie dazu, Pseudo-OKRs basierend auf vorgetäuschten Prioritäten zu verabschieden.

Diese werden in der Folge logischerweise während des ersten OKR-Zyklus einfach vollständig ignoriert. Von Anwendern mit dieser Erfahrung hört man im Anschluss folgendes Feedback: »OKR bringt in meinem Bereich einfach nichts« oder »Ich musste mich erst mal um andere Prioritäten kümmern«.

Ein weiterer klassischer Fehler heißt bei uns »Adjusting the flaps on take-off«: Teams versuchen, sämtliche OKR-Hebel zu verstellen, bevor sie überhaupt richtig gestartet sind. Sie versuchen, gleich OKR-Akrobatik zu vollführen, bevor im Team überhaupt die grundlegenden Prinzipien verstanden worden sind. Irgendjemand hat ein Video online gesehen, in dem von einem Sechsmonats-OKR-Zyklus die Rede ist oder in dem OKRs von einem Zyklus in den anderen übernommen werden – und nun möchten sie das in Ihrem ersten Zyklus genauso machen. All diese Dinge sind durchaus möglich, manchmal sogar vorteilhaft, aber mein Rat ist: Beginnen Sie zunächst ganz einfach, um gemeinsam auf die Reise zu gehen.

Eng mit GiGo verwandt ist grundsätzlich die allgemeine Einstellung zu OKR: Wenn Ihr Team OKR und den Konsequenzen, die es mit sich bringt, misstrauisch gegenübersteht, wird es keinen 10×-Ansatz entwickeln.

**DEFINITION**

Eine 10×-Kultur verfolgt das Ziel, 10× besser zu werden bei einer Aktivität oder will, dass ihre Produktion oder ihr Service 10× besser wird, als der beste, der sich gerade auf dem Markt befindet. Der Begriff wird aktuell von Frank Thelen als Schlagwort für ein neues Mindset genutzt. Der Ansatz eines 10×-Denkens stammt aber nicht von ihm, sondern von Grant Cardone und ist schon fast zehn Jahre alt.

Bei Venture Kapitalinvestoren hört man mittlerweile auch, dass man dort einen 10×-ROI für das investierte Kapital erwartet. Das Team wird alles dafür tun, zu beweisen, dass OKR nicht funktioniert.

Ein gewisser Grad an Skepsis ist selbstverständlich zu Beginn einer neuen Reise zu erwarten. Für den schnellstmöglichen OKR-Erfolg müssen die Führungskräfte daher auf Unsicherheiten eingehen und ihr Team inspirieren können, um den Rückhalt der Mitarbeiter zu erhalten. Hierfür benötigen die Führungskräfte ausreichend Zeit.

Halten Sie den Lenker nicht zu fest – hier ziehen wir wieder den Vergleich mit dem Fahrrad: Genau wie beim Downhill-Mountainbiking wird die Führungskraft in einem reifen OKR-Arbeitsumfeld davon profitieren, wenn sie die Zügel etwas lockerer lässt.

Halten Sie dabei den Management-Lenker gerade ausreichend fest, um die generelle Richtung zu bestimmen und um größere Hindernisse zu umfahren. Aber stellen Sie sicher, dass er locker genug in Ihren Händen liegt, damit das Fahrrad selbst seinen Weg nach unten durch kleinere Steine und Geröll findet.

Das Grading übrigens ist der stille Held von OKR. Anders als es bei Landwirten der Fall ist, die nämlich stets ihre Ernte einfahren, stellen wir immer wieder fest, dass wir in Büroräumen nur sporadisch die Ergebnisse unserer Arbeit auch ernten. Wenn Sie mir nicht glauben – überlegen Sie, in welcher der Meetings aus der jüngsten Vergangenheit konkrete Entscheidungen gefällt wurden. Sie (und ich gebe zu, ich gehöre auch dazu) sind zu sehr damit beschäftigt, neuen Zielen auf noch grüneren Grasflächen hinterherzujagen.

Ein effektiver Grading-Prozess jedoch sollte auch den allerletzten Tropfen Weisheit aus jedem OKR herauspressen. Er könnte nützlich sein, um gleiche Fehler in Zukunft zu vermeiden und somit Chancen im nächsten OKR-Zyklus nicht zu übersehen.

## **WER** kann von OKR profitieren?

### Ist OKR nur etwas für die digitale Kultur von Amerikas West Coast?

Viele der berühmtesten amerikanischen West-Coast-Firmen wie Google, LinkedIn und Go-Pro nutzen OKR. Aber auch zahlreiche weniger digitale oder an anderen Orten der Welt sitzende Firmen wie deutsche Supermarktketten, Shoppingmalls, internationale Biomed-Giganten und sogar Online-Schuhversandhäuser haben von den OKR-Vorteilen profitieren können. Ein weiteres berühmtes europäisches Beispiel einer OKR-Erfolgsgeschichte ist im übrigen Spotify.

### Wer hat OKR erfunden?

In den Sechzigerjahren hat Peter Drucker – wie schon beschrieben – das MbO-Prinzip entwickelt. Die ursprünglichen MbO-Prinzipien ähneln dabei sehr den OKR-Grundlagen, wurden jedoch im Laufe der Jahre, wie oben erwähnt, sehr verdreht.

OKR als Methode hat Andy Grove, der Intel-CEO, in den Siebzigerjahren erfunden. Als Grundlage dienten ihm die ursprünglichen MbO-Prinzipien. Er stülpte noch seine eigene Management-Philosophie darüber – und nannte es zunächst iMbO.

Einer seiner Mitarbeiter, John Doerr, hat sich mittlerweile zu einem der erfolgreichsten Investoren aller Zeiten entwickelt. Er hat außerdem extrem viel zum Bekanntheitsgrad von OKR beigetragen.

Wenn Sie sich für die Geschichte von OKR interessieren, empfehle ich Ihnen John Doerrs exzellentes Buch »Measure What Matters« und seinen TED Talk. Ich danke ihm an dieser Stelle, dass er sein Wissen mit uns teilt.

## **WANN** sollte ich OKR einführen?

### Ist OKR nur etwas für Start-ups?
Google ist das berühmteste Beispiel für das Gegenteil. Sie haben als Firma von gerade mal hundert Mitarbeitern mit OKR begonnen. Noch heute verwenden sie sie. OKR ist so einfach, dass es beliebig skalierbar ist. Die Vorteile sind für große oder kleine Firmen jedoch unterschiedlich.

### Wie unterscheiden sich die Vorteile von kleinen und großen Organisationen?
Große Organisationen profitieren davon, dass OKR ihnen hilft, die alten ausgetretenen Pfade zu verlassen, etablierte Grenzen zu hinterfragen, verbotene Gedanken zu denken und Ansätze für innovative Zusammenarbeit zuzulassen. Schnell wachsenden Start-ups hingegen gibt OKR genau das Gegenteil: es bietet ihnen Struktur und verhindert Chaos durch ständig wechselnde Prioritäten. In den Zwischenräumen finden wir natürlich eine bunte Mischung aus diesen beiden Punkten.

### Wird OKR mein Start-up verlangsamen?
Wenn Sie jetzt schon regelmäßige Check-ins und Reviews durchführen, wird Ihr Start-up genauso dynamisch bleiben wie bisher. Sie werden jedoch feststellen, dass OKR Ihnen dazu verhilft, Ihre Entscheidungen vor der Umsetzung bewusster zu treffen. Das wiederum wird Ihre Leistung und damit Ihr Wachstum beschleunigen.

# Wie kann ich feststellen, ob meine Organisation bereit ist für OKR?

Ist Ihr Zielvereinbarungsprozess frustrierend und werden die Ziele im Laufe des Jahres vergessen?

Sind Sie der Meinung, dass Ihre Kollegen enger zusammenarbeiten sollten?

Würde es Ihnen zu mehr Transparenz verhelfen, wenn Sie die fünf wichtigsten Dinge, die Sie letztes Jahr umgesetzt haben und deren direkten Einfluss auf das Jahresendergebnis, nennen könnten?

Haben Sie das Gefühl, dass manche Kollegen ihre Ziele zum eigenen Vorteil drehen und der Firmenerfolg dabei nicht im Vordergrund steht?

Wird bei Ihnen wochen- und monatelang diskutiert, ob ein Ziel realistisch erreichbar ist oder nicht? Nur um am Ende mit einem realistischen Kompromiss rauszukommen, der schlussendlich nicht erreicht wird?

Wenn Sie zurückschauen: Denken Sie, dass Ihre Extra-Meilen und geleisteten Überstunden keinen wirklichen Einfluss auf das Ergebnis hatten?

Ist Innovation in Ihrem Team mittlerweile schon zu einem Schimpfwort geworden?

Haben Sie auf einige dieser Fragen mit Ja geantwortet, dann sollten Sie OKR ausprobieren!

**Kapitel 2**

# Engage – Die ersten Schritte in die Welt von OKR

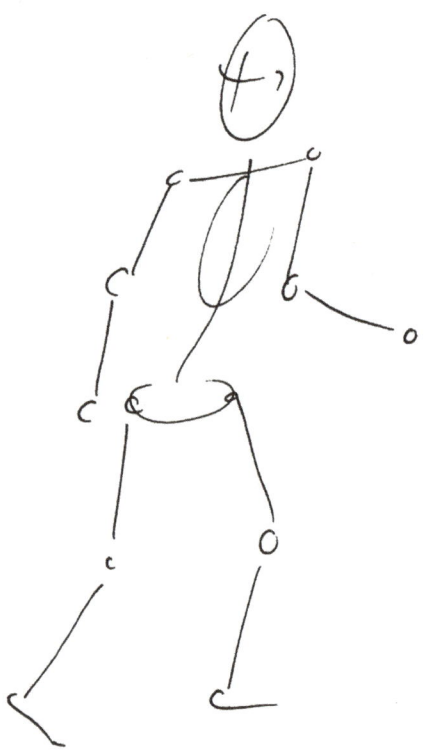

Kürzlich habe ich eine Rede bei einer sehr namhaften Firma gehalten. Sie hatten Probleme, während der Einführungsphase bei ihrem riesigen, 4.500 Personen starken Digital-Transformation-Team von OKR zu profitieren. Es scheint fast ironisch, dass so viele Digital Natives auch ihre Zeit brauchen, die OKR-Prinzipien wirklich zu verinnerlichen. Der Titel meiner Rede war »If you don't love OKR yet, you are doing something wrong«. Denn es ist einfach, zu behaupten man mache OKR, während man die grundlegenden Prinzipien nicht lebt.

Ich habe in dieser Rede erklärt, dass OKR keine Methode ist, sondern vielmehr ein Mindset. OKR wird erst dann zur positiven Veränderung und messbaren Erfolgen führen, wenn die Anwender, die innerhalb ihrer Rahmenbedingungen arbeiten, die richtige Denke verinnerlichen. Traditionelle Ziele als OKR umzuschreiben, reicht nicht aus, sondern wir müssen den Kern unseres täglichen Tuns hinterfragen. Wir müssen lernen, neue Wege zu gehen und uns von altbewährten, aber dennoch wirkungslosen Ansätzen zu trennen.

Wie Dean Burnett in seinem fantastischen Buch »Unser verrücktes Gehirn« erklärt, arbeitet die menschliche Psyche bei neuen Eindrücken in zwei Stufen: Neuem wird zunächst aus Selbstschutz ablehnend gegenübergetreten – »Diese neue Pflanze ist bestimmt giftig«, »Das im Augenwinkel, was sich bewegt, ist bestimmt ein Feind«. Erst in zweiter Instanz wird überlegt, ob es etwas Gutes dabei geben kann – »Riecht die Pflanze gut?«, »Lächelt mich mein Mitmensch an?« Dann könnte diese neue Art der Zielformulierung tatsächlich helfen. Das war im Steinzeitalter eine wichtige Überlebensstrategie, ist jedoch in der heutigen Arbeitswelt oft hinderlich.

Skeptiker gibt es immer und das ist auch gut so, denn sie denken und hinterfragen. Man sollte sie jedoch auffordern, ihre Zweifel wissenschaftlich zu prüfen und OKR eine faire Chance zu geben. Genau wie Schwimmen oder Fahrradfahren sieht OKR einfach aus, hört sich leicht an und wenn man es beherrscht, fragt man sich, warum es am Anfang so kompliziert erschien. Die Herausforderung liegt im richtigen Mindset.

Wie bereits anfangs erwähnt gilt es, nicht schon beim Start ständig an allen Stellschrauben zu drehen. Wie in jedem Veränderungsprozess, erfordert es viel mehr Energie und Zeit, die Belegschaft beim zweiten Versuch davon zu überzeugen, wenn der erste Versuch fehlgelaufen ist. Daher lohnt es sich, dass Sie sich zu den Themen im folgenden Kapitel einige Gedanken machen, bevor Sie Ihre OKR-Reise antreten.

OKR hat einige Stellhebel, um es an Ihr Geschäftsmodell anzupassen. Wenn Sie sich jedoch am Anfang für bestimmte Rahmenbedingungen entscheiden, sollten Sie dabeibleiben und der Versuchung widerstehen, innerhalb der ersten Zyklen ständig die eigenen Regeln wieder zu ändern. Auch wenn es abwegig erscheint, hilft es nicht, all diese Dinge im laufenden Betrieb stetig zu ändern, gerade wenn es schwierig wird.

## WARUM ich?

WARUM ist das Herzstück von WIN WITH OKR. Dieses Buch besteht aus vielen Antworten auf Fragen meiner Kunden, aber in diesem Fall muss ich unsere Rollen einmal tauschen und Sie, den Leser, fragen: Kennen Sie Ihr eigenes OKR-Warum? Warum wollen Sie OKR einführen?

Schreiben Sie fünf einfache, aber aussagekräftige Vorteile, die Sie von OKR erwarten, auf, nachdem Sie das Buch gelesen haben. Wenn Ihnen das nicht leichtfällt, würde ich Ihnen dringend vorschlagen, noch einmal verstärkt darüber nachzudenken oder sich mit jemandem auszutauschen, bevor Sie mit OKR loslegen.

## WAS sind meine Optionen?

Sie haben uns in Ihrer Einführung zu diesem Kapitel gesagt: »We shouldn't move the flaps on take-off«. Wie sehen diese eingebauten OKR-Optionen (oder flaps/Stellschrauben) aus?

OKR ist eine einfache Methode. Genau wie beim Fahrradfahren bedeutet diese Einfachheit, dass man sich auf die Straße und auf das Ziel konzentrieren kann, nicht auf das Fahren selbst. Es gibt jedoch einige Variablen und es lohnt sich, hierfür ein paar bewusste Entscheidungen zu treffen und diese auch zu beherzigen, bevor Sie auf Ihre Reise gehen.

**Cadence** – das ist das OKR-Wort, um die Häufigkeit zu beschreiben und bezieht sich auf zwei Möglichkeiten:

**Erstens: Wie lange Ihr OKR-Zyklus ist** – wir empfehlen den meisten Teams, mit einem Dreimonatszyklus zu beginnen. Erfahrene OKR-Teams reduzieren ihren Zyklus manchmal auf zwei Monate oder sogar einen Monat, während andere im Laufe der Zeit den Zyklus auf vier Monate verlängern.

**Und zweitens: Wie oft Sie sich treffen** (= Check-in) Weiter hinten im Buch finden Sie ein ganzes Kapitel zu dem Thema »Check-ins« (Weekly (wöchentlich) oder Bi-Weekly (vierzehntägig)). Entscheiden Sie sich und bleiben Sie dann dabei!

**Anzahl von OKRs** – Die meisten Trainer raten zu OKR-Sets mit maximal fünf Objectives und jeweils maximal vier KRs. Wir empfehlen Ihnen jedoch, in jedem Set $3 \pm 1$ OKR anzustreben.

**Individual-OKRs oder nicht** – Im Crafting-Kapitel beschäftige ich mich sehr ausführlich mit den Pros und Kontras von Individual (individuellen) OKRs.

**Quartals- und Jahres-OKRs** – Quartals- und Jahres-OKRs wirken zusammen und bieten sowohl einen kurz- wie auch langfristigen Fokus. Hierzu finden Sie ausführliche Informationen im Kapitel »Crafting«.

**Wie viele Mitarbeiter** sollten in der ersten OKR-Einführungsphase involviert sein und …

**Welche Mitarbeiter** – hierzu lesen Sie bitte dieses Kapitel zu Ende.

## Welche Informationen sollen wir vorab an wen herausgeben?

Um anfängliche Bedenken direkt anzugehen und damit sich jeder von Anfang an völlig auf das Projekt einlässt, wäre es natürlich eine gute Idee, wenn alle Teilnehmer vorab dieses Buch lesen würden. Vorausgesetzt, alle nehmen in irgendeiner Form an einem Kick-off-Training teil. Dann müssen Sie nicht jeden Einzelnen im Detail darüber aufklären, was genau OKR ist oder wie es funktioniert. Es wäre trotzdem sinnvoll, sie darüber zu informieren, dass OKR ein sehr radikaler Ansatz ist, dass Sie es erst einmal ausprobieren möchten und dass jeder sich voll darauf einlassen muss, damit sich der Test auch lohnt.

**Welche Informationen sollten wir vor der Schulung sammeln und wann sollen wir damit anfangen?**
Stellen Sie den Teilnehmern Ihres Pilotteams zwei Wochen vor dem Kick-off-Workshop folgende Fragen:

1. Welche drei Errungenschaften der letzten zwölf Monate haben dem Unternehmen am meisten gebracht?
2. Welche Probleme wünschten Sie sich weg, wenn Sie einen Zauberstab hätten?
3. Was ist in den nächsten zwölf Monaten am allerwichtigsten für den Erfolg des Unternehmens?

**Wir haben schon ein Bonussystem und vereinbaren Jahresziele. Wie können wir OKR in unser Bonussystem integrieren?**
MbO oder traditionelle Zielvereinbarungssysteme sind weitestgehend unwirksam, denn sie vermischen zwei Dinge: Sie bewerten gleichzeitig die persönliche Leistung, wie zum Beispiel individuellen Verkaufserfolg oder wie gut eine neue Fähigkeit gelernt wurde, und Kennzahlen, wie zum Beispiel den Gesamtprofit.

Die Folge davon nennt man Sandbagging. Dies führt zum Gegenteil von Innovation und Fortschritt.

Sandbagging ist, wenn man nicht nur vermeintlich realistische Ziele setzt, sondern auch noch eine extra Sicherheitsspanne dazugibt, um sicherzustellen, dass man das Ziel auch ja erreicht – ein guter Ansatz, wenn Sie Ihren Bonus nur bei hundertprozentiger Zielerreichung erhalten.

Bei OKR dagegen liegt der Fokus darauf, das Unternehmen weiterzuentwickeln, indem ein tieferes Gesamtverständnis für das Warum hinter diesen Kennzahlen gewonnen wird.

Es wird momentan viel diskutiert, ob diese altmodischen Ziele überhaupt noch effektiv und notwendig sind. Aber eines ist ganz sicher: OKR sollte niemals mit einem Bonussystem verbunden werden, weil ein Bonussystem Innovation im Keim erstickt.

Ich persönlich rate Firmen, OKR parallel zu Bonussystemen laufen zu lassen. Die Ziele sollten sich nicht widersprechen, aber auch nicht direkt voneinander abhängen.

### Unsere Arbeitnehmervertreter (Betriebsrat, oder wie Sie es nennen) stehen OKR kritisch gegenüber – Wie kann ich sie überzeugen?

Hören Sie den Arbeitnehmervertretern gut zu und nehmen Sie ihre Sorgen ernst. Laden Sie sie zu einem Ihrer Pilotteams oder zu einem der darauffolgenden Trainings ein, damit sie sich selbst ein gutes Bild von OKR machen können und verstehen, was genau auf die Mitarbeiter, die sie vertreten, zukommen wird.

Sie werden schnell erkennen, dass OKR eine positive Kraft ist, die es Mitarbeitern ermöglicht, nicht nur eine eigene Wahl zu treffen, sondern ihnen auch dazu verhilft, Einfluss darauf zu nehmen, woran sie arbeiten. Es ist natürlich kein Freibrief dafür, dass jeder machen kann, was er will, weil niemand allein für eine Niederlage verantwortlich ist. Und wenn die Motivation von innen herauskommt, stellt dies eine sehr fortschrittliche Zusammenarbeit dar.

## **WIE** kann ich anfangen?

### Wie kann ich dann unseren CEO überzeugen, unser OKR-Pilotprojekt zu unterstützen?

Sagen Sie ihm, dass viele der berühmtesten und profitabelsten Organisationen von heute in den letzten zwanzig Jahren gegründet worden sind und OKR verwenden, weil es ihnen hilft, exponentiell zu wachsen, indem sie ihre Ziele nicht nur vereinbaren, sondern auch erreichen. Sagen Sie ihm, dass OKR den heutigen Profit erhöht, das Engagement der Mitarbeiter verbessert und gleichzeitig auch die Kundenzufriedenheit (meiner Meinung nach viel mehr als die meisten agilen Projektmanagementinitiativen). Dabei werden auch noch einfache und innovative Lösungen für altbekannte Probleme gefunden.

Dann bitten Sie Ihren CEO, zumindest einen Testlauf für ein paar Zyklen zu unterstützen und damit OKR eine ehrliche Chance zu geben.

### Können unterschiedliche Abteilungen unterschiedliche Cadencen haben?

Theoretisch ja, aber machen Sie das ja nicht! Wir empfehlen Teams, mit einem Quartalszyklus für ihre ersten paar OKR-Runden anzufangen. Abteilungsübergreifende Alignments (Abstimmungen) und die Verantwortung für gemeinsame OKRs ist normalerweise in den ersten Zyklen eine echte Herausforderung.

Eine der ganz großen Stärken von OKR ist, dass die gesamte Organisation gleichzeitig innehält und nachdenkt.

Dies bringt einen gesunden Rhythmus in die Entwicklung Ihrer Organisation. Viele entscheidende Initiativen werden gleichzeitig abgeschlossen, sodass die Mittel besser geplant und effektiver verteilt werden können.

**Radikaler oder schrittweiser Ansatz – Sollen wir sofort mit allen Mitarbeitern beginnen oder lieber erst mit einer Pilotgruppe?**
Beides ist möglich. Für Teams mit mehr als fünfhundert Mitarbeitern empfehle ich jedoch dringend den Ansatz in drei Stufen, wie unten beschrieben.

Hierfür gibt es einfache Gründe: Nicht jeder hat die gleiche Veränderungsbereitschaft oder kommt mit neuen Arbeitsmethoden vom ersten Tag an gleich gut zurecht. Bei einem begrenzten Pilotprojekt haben Sie die Möglichkeit, Ihren Mitarbeitern bei den ersten Hindernissen beratend zur Seite zu stehen. Gleichzeitig können Sie Erfolgsgeschichten und tolle Momente sammeln. Dies erhöht die Glaubwürdigkeit für die nächste Welle. Laden Sie auch Führungskräfte zu Ihrem Pilotprojekt ein, dadurch gewinnen Sie starke Fürsprecher für den bedeutsamen Kulturwandel, der Ihnen bevorsteht.

**Was empfehlen Sie, wie wir OKR einführen sollen?**
Das hängt natürlich fundamental von der Größe Ihres Unternehmens ab und wie Ihre verschiedenen Teams, Sparten und Länder zusammenwirken. Dieser Drei-Stufen-Ansatz ist ein guter Anfang. Sie können ihn ein wenig abwandeln, um ihn an Ihre eigenen Bedürfnisse anzupassen.

Erstens: Fangen Sie mit zwei Pilotteams mit jeweils etwa fünfzehn Teilnehmern an, inklusive einiger oberster Führungskräfte, die OKR im ersten Quartal einführen und für sich selber ausprobieren sollen.

Diese Pilotteam-Teilnehmer können natürlich mit ihrer eigenen Führungsmannschaft und ihren Kollegen über OKR sprechen und können diese schon jetzt in die OKR-Arbeit involvieren. Es wäre jetzt aber noch zu früh für sie, ihre eigenen OKRs festzulegen.

Während des ersten Zyklus wird Ihr OKR-Trainer oder -Champion Ihre Organisation kennenlernen, während Sie OKR kennenlernen. Das ermöglicht Ihnen beiden, gemeinsam einen effektiven Einführungsplan für die zweite Stufe zu erarbeiten.

Am Ende des ersten OKR-Zyklus treffen sich all diejenigen, die in den OKR-Aktivitäten des Pilotprojekts involviert waren, zusammen mit denjenigen, die an der zweiten Einführungsstufe teilnehmen sollen, in einem All-Hands-Meeting (siehe Details hierzu im Kapitel »All-Hands«).

Zweitens: Im letzten Monat ihres Pilotprojekts ist es Zeit für die zweite Stufe. Sie sollten zumindest einige Mitarbeiter der nächsten Gruppe schulen und ihnen helfen, OKRs zu craften, damit sie nach dem All-Hands-Meeting gleich loslegen können.

Große Organisationen schulen in der Regel in dieser Stufe die nächste Ebene Abteilungsleiter, jeweils eine Abteilung nach der anderen. Es sollten jetzt möglichst auch einige der einflussreichen Mitarbeiter involviert werden, die zwar keine Führungspositionen innehalten, aber wichtige Schlüsselpositionen besetzen – wie zum Beispiel der Mitarbeiter, der Ihre Suchmaschinen optimiert oder der Doktor der Innovation, der Ihre neuesten verrückten Ideen testet.

Drittens: Am Ende der zweiten Stufe beginnt die dritte nach demselben Prinzip. Dieses Mal jedoch wird ein Großteil Ihres Unternehmens OKR bereits aktiv unterstützen oder zumindest davon gehört haben. Also: Sie können nun von der Macht des abteilungsübergreifenden Alignments profitieren. Mehr dazu lesen Sie im Kapitel »Alignment«.

**Müssen wir diesem Drei-Stufen-Ansatz folgen, oder können wir auch von OKR profitieren, wenn wir es nur in einem Bereich einführen?**
Je mehr Mitarbeiter in OKR involviert sind, desto effektiver wird es. Der Multiplikationseffekt, der durch das Alignment stattfindet, potenziert die Effektivität von OKR. Trotzdem ist es absolut sinnvoll und auch möglich, dass einzelne Teams lokal effektiver und zielgerichteter arbeiten können, indem sie sich auf die wenigen wichtigen Dinge und Innovationsmöglichkeiten konzentrieren, also abteilungsintern beginnen, mit OKR zu arbeiten.

**Benötigt ein riesiger Konzern einen anderen Ansatz?**
Ganz bestimmt! Der Ansatz mit drei Stufen oder Wellen ist sehr gut für Organisationen von fünfhundert bis fünftausend Mitarbeitern geeignet. Aber es ist auch ein skalierbarer Ansatz. Große Konzerne müssen sich nur entscheiden, welche Abteilung oder Sparte am meisten von OKR profitieren würde. Starten Sie hier!

Ich bin der Meinung, dass große Konzerne aus vielen kleinen Gemeinschaften bestehen, die jeweils spezifische Rahmenbedingungen haben. Einige Bereichsleiter haben ihre eigene HR- und Trainingsabteilung, während andere wiederum sehr streng von einem zentralen Trainingsteam im HQ reglementiert werden. Aber die Prinzipien, die ich oben erklärt habe, treffen in jedem Fall zu. Die Frage ist lediglich, wie Sie die Organisation in Einführungsgruppen zerteilen.

# Drei-Stufen-Einführung von OKR – Stufe 1

Zwei Pilotteams (PT) bearbeiten drei Pilotteam-OKRs (PT OKRs) und Individual- or Tribal-OKRs (I)

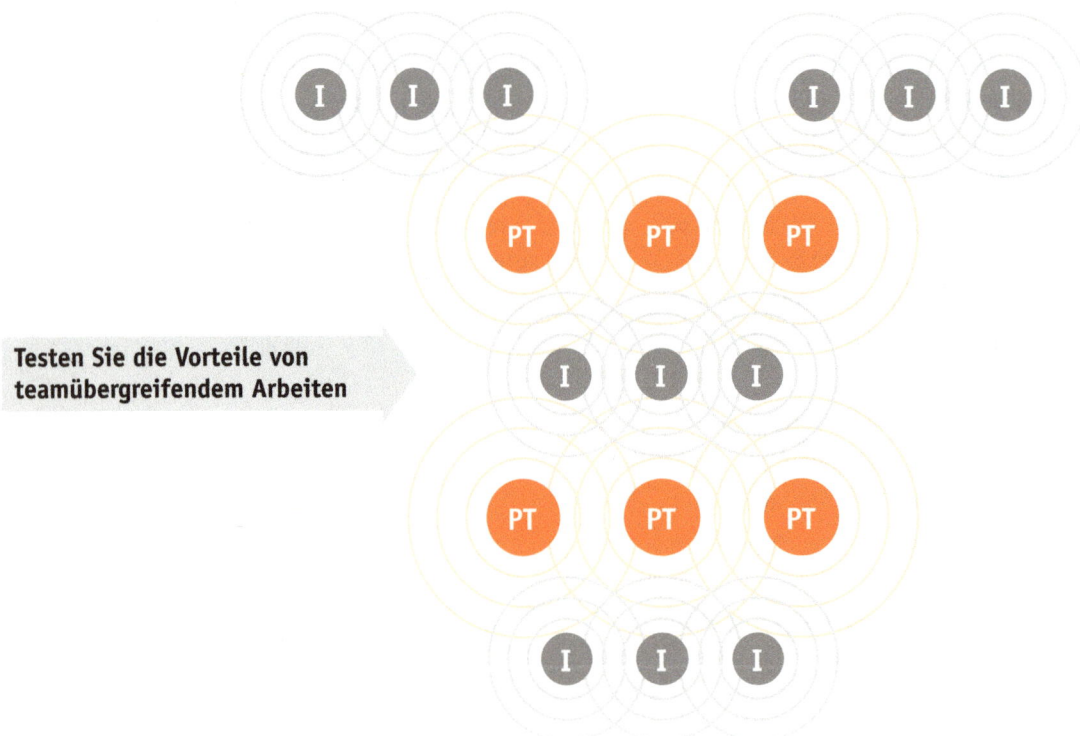

Testen Sie die Vorteile von teamübergreifendem Arbeiten

## Stufe 2 – Involvieren Sie mehr und mehr Teams sowie Abteilungsleiter

Je nach Abteilungsstruktur kehren die Mitglieder der Pilotteams in ihre Abteilungen zurück oder arbeiten in ihren neuen Teams. Ziel ist weiterhin, dass möglichst viele Teams abteilungsübergreifend miteinander arbeiten.

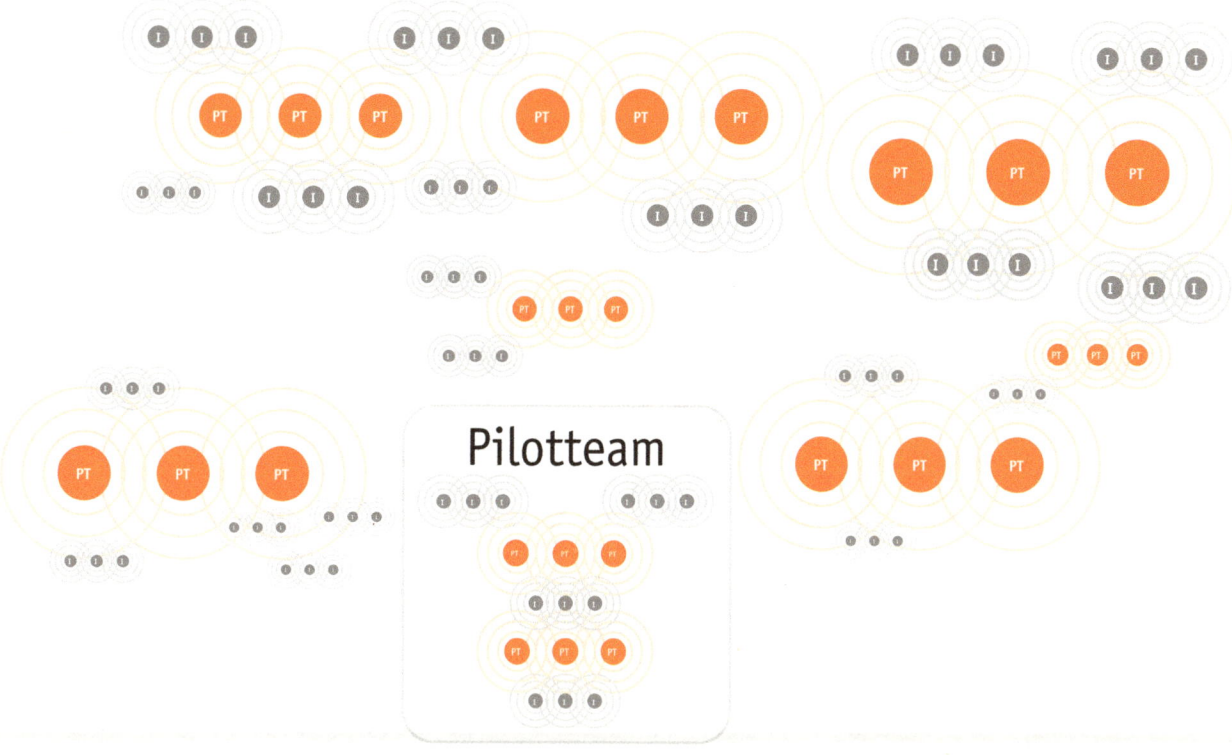

## Stufe 3 – Roll-Out – Alle Hierarchieebenen und Mitarbeiter werden mit eingebunden

Arbeiten Sie in einem kleinen Unternehmen, ist mit Stufe 2 vielleicht schon Stufe 3 erledigt. Sind Sie Teil einer größeren Organisation, dann versuchen Sie, für ein zügiges Verbreiten von OKR die zweite Stufe parallel in so vielen Abteilungen und Teams wie möglich anzugehen.

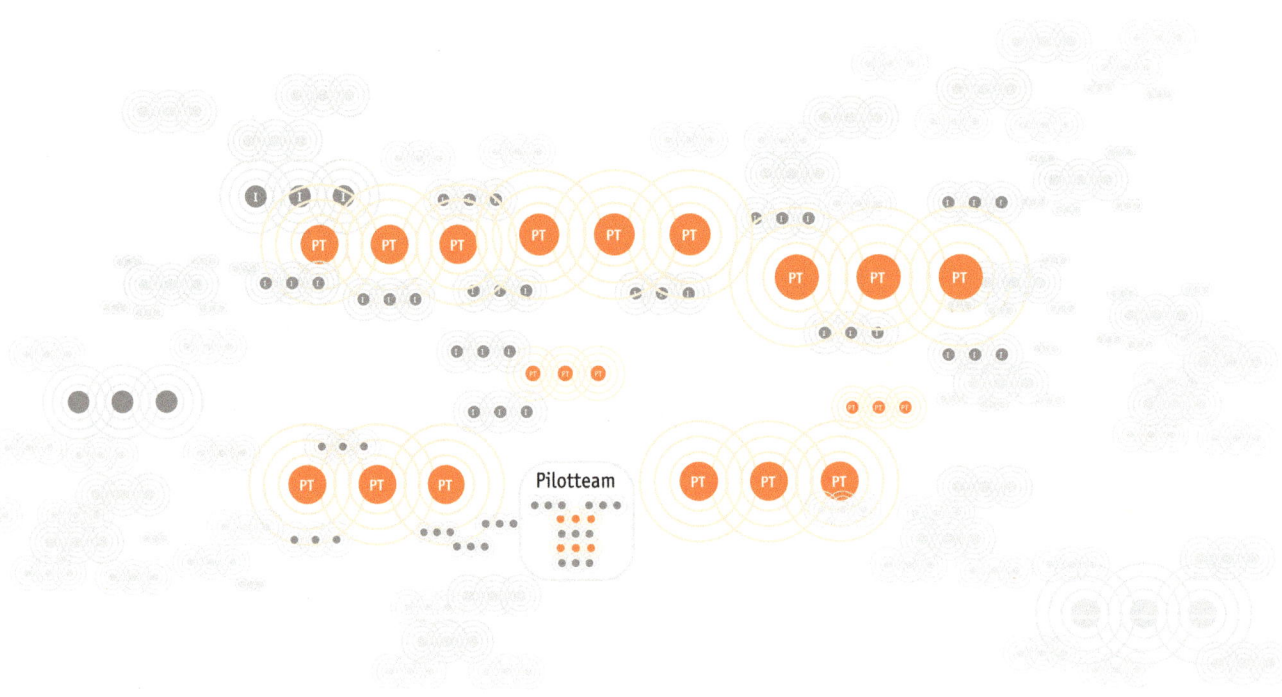

## **WER** sollte in einen ersten Testlauf involviert sein?

**Ist es eine gute oder schlechte Idee, wenn der Geschäftsführer/CEO bei der ersten OKR-Pilotgruppe dabei ist?**

Mit OKR erfolgreich sein zu können, hängt mehr vom Mindset als von der Methodik ab. Schon Albert Schweitzer sagte: »Das gute Beispiel ist nicht eine Möglichkeit, andere Menschen zu beeinflussen, es ist die einzige.«

Daher kann ich es ausdrücklich empfehlen, dass die Chefs an Ihrem ersten Pilotprojekt teilnehmen – oder zumindest Führungspersönlichkeiten, die einen ernst zu nehmenden Einfluss auf die Firmenkultur haben.

Wenn Sie Teil eines sehr großen Konzerns sind, ist es unwahrscheinlich, dass Vorstandsmitglieder persönlich involviert sind. Es ist trotzdem sehr wichtig, dass Ihr OKR-Pilotprojekt vom Vorstand unterstützt wird.

**Wird das Projekt scheitern, wenn die Geschäftsleitung nicht beteiligt ist?**

Viele unserer Projekte fangen nicht direkt in der obersten Etage an. Oftmals werden wir von CTOs oder der Finanzleitung und ihrem Team eingeladen, bevor OKR in der ganzen Organisation verbreitet wird. Das ist kein Problem, solange die Unterstützung für das Vorhaben vor dem Roll-Out von oben abgesichert ist.

**Braucht es einen bestimmten Führungsstil für OKR?**

Ja – stellen Sie sich vor, Sie fahren mit einem Moutainbike einen schmalen Waldweg hinunter. Wenn Sie nicht genau schauen, wo Sie langfahren oder welche Kurven oder Hindernisse vor Ihnen liegen, werden Sie stürzen und sich möglicherweise verletzen. Dementsprechend sollte eine OKR-Führungskraft immer vorausschauend die Fahrt lenken und eine klare strategische Richtung vorgeben.

Wenn diese Führungskraft jedoch das Vorder- und das Hinterrad eigenhändig an jedem kleinen Stein oder Zweig vorbeimanövriert, wird die Reise sehr langsam vorangehen und er wird zum Bottleneck of Growth.

OKR-Leader müssen lernen, sich zu entspannen, damit der Lenker locker in ihren Händen liegt, gerade mal fest genug, dass die Reifen ihren eigenen Weg durch das Geröll finden können, ohne jedoch vom Pfad abzukommen. Der weise OKR-Leader nutzt die Zeit, um sich darauf zu konzentrieren, was am Horizont auf das Team zukommt, sodass er entscheiden kann, wann er fester zupacken und vielleicht abbremsen muss, um die Unwegsamkeit zu passieren oder sogar einen anderen Weg zu wählen.

## Warum ist die Unterstützung vom oberen Management so wichtig?

Stellen Sie sich vor, Sie arbeiten in einer traditionellen Firma der alten Schule. Ein Coach kommt daher und packt zwanzig gut bezahlte Mitarbeiter in einen Raum, überredet sie, verrückte Ziele zu setzen, ein paar ihrer wertlosen anderen Aufgaben drei Monate lang zu ignorieren und sich einmal pro Woche für ein Plauderstündchen zu treffen um ihre Probleme zu besprechen – nur um ihnen dann zu sagen, dass es egal ist, ob sie diese verrückten Ziele erreichen oder nicht …

Na ja – so ist OKR natürlich nicht, aber es sind genau die Gerüchte, die dann beim Tratsch in Ihrem Betrieb entstehen, wenn niemand versteht und mitverfolgt, was OKR bedeutet.

Ohne Unterstützung von der Geschäftsführung wird sich Ihr Pilotteam sehr einsam fühlen und die Chancen, dass Ihr Projekt erfolgreich sein wird, sind sehr gering.

## Brauchen wir grundsätzlich einen Trainer oder einen Berater?

Bei einer größeren Organisation lautet die Antwort: Ja, auf jeden Fall. Für Start-ups oder kleinere Unternehmen mit weniger als tausend Mitarbeitern, die auf keinen Fall ein externes Coaching möchten, gilt: Probieren Sie es aus und schauen Sie, wie weit Sie zurechtkommen. Wenn sie unerwartete Ergebnisse erzielen, die Ihre Leistung ernsthaft verbessert haben – gut gemacht! Wenn Sie und Ihr Team sich am Ende des zweiten Zyklus immer noch abstrampeln, wird es jedoch höchste Zeit, zu investieren und professionelle Hilfe einzuholen.

### Was bewirkt ein externer Coach, was unsere internen agilen Scrum-Master und Product-Owner nicht können?

Ich habe viele eindrucksvolle Agile Angels kennengelernt, die mir alle eine Menge beibringen konnten, weil sie ein tiefes Verständnis für ihre Projektarbeit haben. Ein (guter) Coach dagegen hat ein tiefes Verständnis davon, wie man das Mindset ändern kann. Außerdem sind sie völlig neutral, treffen völlig unvoreingenommen auf Ihr Team und haben einen breiten Erfahrungsschatz mit der Einführung von OKR bei vielen verschiedenen Unternehmen. So können sie sehr schnell Ihre momentane Situation erfassen, wissen, wie das Endergebnis aussehen sollte und können die richtigen Schritte in der richtigen Reihenfolge vorschlagen.

### Wie können wir sicherstellen, dass unser Coach einen guten Job macht?

Wenn sich Ihr Alltag vereinfacht, OKR mehr Freude bereitet und die Ergebnisse sich eindrucksvoll verbessern, haben Sie den richtigen Partner gefunden.

### Müssen wir jeden schulen und coachen?

Auf jeden Fall. OKR kann nicht funktionieren, wenn Sie es Ihrem Team ohne Erklärungen hinwerfen und hoffen, dass es schon irgendwie klappt. Ich habe einige Projekte betreut, bei denen ein Führungsteam dies versucht hat. Und ganz ehrlich: Diese Projekte, bei denen ich den Glauben an OKR wiederherstellen muss, machen keinen Spaß!

#### Sollen Mitarbeiter mit einer negativen, pessimistischen Einstellung nicht mit in das Pilotteam integriert werden?

Ein halbes Boot schwimmt nicht. Wenn Sie von Anfang an eine Pro- und eine Kontra-Kultur akzeptieren, werden diese Gruppen im Laufe der Zeit immer stärker. Vor allem wird die Kluft zwischen ihnen immer größer. Sie würden also OKR in einer geschützten Umgebung testen und nicht wie in der Realität. Das Ergebnis wären zwei sich bekriegende Fraktionen, die nichts anderes im Kopf haben, als sich gegenseitig zu beweisen, dass der andere Unrecht hat.

#### Aber viele Firmen haben heutzutage Programme zur Förderung von Entwicklung und Innovation, damit ihre Mitarbeiter ohne die Grenzen der alltäglichen Realität kreativ sein können. Wieso funktioniert das nicht auch mit OKR?

Lesen Sie hierzu bitte die obere Antwort noch einmal. Das Ziel von OKR ist, dieses Level von Innovation herzustellen und sich unter realen Bedingungen zu bewähren, nicht im künstlichen Umfeld.

#### Wie gehen Sie mit negativ gestimmten Mitarbeitern, die OKR nicht unterstützen, in Workshops um?

Zuallererst sollten Sie immer erst mal zuhören und verstehen, woher der Zweifel kommt. Versuchen Sie auch nicht, diese Mitarbeiter sofort komplett bekehren zu wollen. Bitten Sie sie lieber darum, OKR eine ehrliche Chance zu geben, indem sie sich wirklich darauf einlassen und es ausprobieren.

#### Aber halten die Kritiker die Motivierten nicht zurück?

Meine Erfahrung hat gezeigt, dass die kritischsten Neinsager am Ende oftmals alle Erwartungen in ihrem ersten OKR-Zyklus komplett übertreffen. Das ist immer wieder verblüffend zu beobachten. Damit werden auch sie zum besten OKR-Befürworter und internen Berater für Wandlungsprozesse, den Sie sich wünschen können.

### Wie weit sollen wir gehen – soll jeder Einzelne in unserem Unternehmen in OKR involviert werden?

Ja. Es gibt immer wieder Gerüchte, dass OKR nicht für alle Gruppen der Belegschaft, zum Beispiel Serviceteams oder Produktionsbereiche, relevant ist. Das ist jedoch völliger Blödsinn. Jeder Einzelne kann von OKR und der Art der Zusammenarbeit, die durch OKR entsteht, profitieren und dadurch innovativer und fokussierter werden.

### Wir sind alle psychometrisch getestet worden und Leute in unserem Beruf sind alle blaue/grüne/gepunktete Menschen. Ist OKR für uns relevant?

Es bringt riesige Vorteile, wenn Menschen ihre eigene Psychologie besser verstehen lernen, aber es gibt auch die Kehrseite der psychometrischen Tests: Immer wieder treffe ich auf Menschen, die diese Ergebnisse als Bestätigung, manchmal sogar fast als Anweisung sehen, sich für den Rest ihres Lebens auf eine bestimmte Art und Weise zu verhalten und bloß nichts zu ändern.

Solche Leute sagen mir dann in Workshops, dass sie psychologisch nicht in der Lage sind, zu träumen. Nur um mir dann in der Pause nebenbei von ihren tollen privaten Plänen zu erzählen – einige wollen mit fünfzig in Rente gehen, andere wollen einen Bienenstock im Garten haben oder hoffen, ihr Kind geht ins Ivy League College. Lassen Sie sich durch Ihr psychometrisches Testergebnis niemals von Ihren Ambitionen abhalten!

## **WANN**, wenn nicht jetzt?

### Müssen wir bis ans Ende des Jahres oder Quartals warten, um anfangen zu können?

Überhaupt nicht. Sie brauchen ein paar Zyklen, um den richtigen Rhythmus für Ihre Firma zu finden. Viele Firmen vermeiden es aus vielfältigen Gründen, dass das Jahresende mit dem Ende eines OKR-Zyklus zusammenfällt.

Sie benötigen wahrscheinlich auch ein paar extra Wochen zu Beginn Ihres ersten OKR-Zyklus, um gut starten zu können. Also denken Sie nicht zu sehr über den Startzeitpunkt nach oder über das Timing, wann Sie die neuen Teilnehmer während der Einführungsphase schulen sollten.

## Wie lange dauert es, bis man den Nutzen von OKR spürt und wie sieht dieser Nutzen aus?

Wir sind stolz darauf, dass unser WIN-WITH-OKR-Programm die Ausbeute beschleunigt, indem wir Sie durch die ersten paar Zyklen begleiten.

Der erste Zyklus bringt immer überraschend messbaren Nutzen und löst oftmals althergebrachte Probleme. Er zeigt aber auch deutlich, worüber Ihre Teamdynamik in der Vergangenheit gestolpert ist. So wird zum Beispiel ein sehr kontrollierter Vorgesetzter lernen, loszulassen, und ein Team ohne klare Richtung wird endlich die Führung bekommen, die es sich schon lange ersehnt hat.

Einige Teams lernen, wie man sich nach oben strecken und ehrgeizigere Ziele erreichen kann. Wieder andere lernen, wie man Versprechen heute einhalten kann, anstatt ständig in der Zukunft zu schwelgen.

Wir haben festgestellt, dass Teilnehmer im ersten Zyklus lernen, fokussierter zu sein und Fortschritt voranzutreiben. Im zweiten Zyklus fangen sie dann an, ihre Herangehensweise zu hinterfragen und im dritten lernen sie, innovativ zu sein. Im vierten Zyklus geht es dann darum, OKR so anzupassen, dass es zu ihrer Firmenkultur passt und nachhaltig ist.

## Haben Sie es je erlebt, dass ein Team im ersten OKR-Zyklus komplett versagt hat?

Es war in unseren Projekten noch nie der Fall, dass OKR im ersten Zyklus keinen messbaren und bedeutsamen Nutzen erzielt hat. Ich bin davon überzeugt, dass dies auch bei anderen Gruppen so ist, vorausgesetzt, die Unternehmensführung hat das notwendige Mindset eingenommen.

**Können wir erwarten, dass der erste OKR-Zyklus positives Feedback und gute Stimmung verbreitet?**
Ganz bestimmt. Teams bestätigen immer wieder, wie leistungsfähig das Zusammenspiel von Objective und seinen Key Results ist, um effektiv Ziele zu erreichen. Ausnahmslos jedes Team ist begeistert von unserem Ansatz »Start less, finish more«. Je nachdem, wie viel agile Erfahrung Ihr Team bereits sammeln konnte, werden Sie feststellen, dass Ihr Team zum Ende des ersten Zyklus immer mehr datenbasierte Ansätze zeigt. Bei vielen Teams wird das im zweiten Zyklus noch eindeutiger.

**Wie lange benötigen wir einen Coach, bis wir es alleine packen?**
Sechs bis zwölf Monate mit stetig abnehmender Coaching-Unterstützung über zwei bis vier Zyklen ist für die meisten durchaus realistisch.

Wenn Sie bereits in einem richtigen agilen Arbeitsumfeld leben, in dem das Endergebnis zählt, Failing-Fast (schnelles Scheitern) wichtiger ist, als den Schuldigen zu finden und die Mitarbeiter nicht daran gemessen werden, wie viele Überstunden sie machen, werden Sie mit OKR sehr schnell zurechtkommen. Allerdings sieht man das bei vielen Teams. OKR wird Ihnen helfen, diese Schwachstellen zu erkennen.

**Unser Budget ist zu knapp für Coaching. Könnten wir dieses Jahr ein paar unserer besten Leute zu einem zweitägigen OKR-Einführungskurs schicken und dann nächstes Jahr mit dem Training beginnen?**
Bücher wie diese schlägt man oft in der Mitte zum Lesen auf. Wenn Sie dies getan haben, gehen Sie bitte zurück zu den ersten Seiten, auf denen wir ausführlich erklären, wie ineffektiv schnelle Schulungen sein können und wie sie durch Missverständnisse zu Beginn sogar unnötigen Widerstand verursachen können.

Damit Sie mit OKR erfolgreich werden, muss die menschliche Seite des kulturellen Wandels im Vordergrund stehen – denn nur das nimmt Ihr Team wahr.

Das Lernen, wie Sie Ihre Gewohnheiten und Einstellungen an OKR anpassen können, ist der Schlüssel zum Erfolg, und das braucht Zeit.

Jeder kann Ihnen sagen, was OKR ist, aber für 50 Euro können Sie auch dieses Buch und John Doerrs »Measure What Matters« lesen. – Die Wirksamkeit wird meiner Meinung nach größer sein als die einer zweitägigen OKR-Schulung.

## Wann sollten wir damit beginnen, die verschiedenen Möglichkeiten von OKR an unser Geschäft anzupassen?

Mein einfacher Rat ist, ändern Sie je eine Option pro Zyklus. Wenn Sie zum Beispiel von einem zwei- zu einem dreimonatigen Rhythmus wechseln wollen, ändern Sie nicht auch gleichzeitig von individuellen OKRs zu Tribal-OKRs.

## OKR – Produktion

Wie kann man einem Team helfen, sich auf das Wesentliche zu fokussieren, anstatt den sogenannten Vanity Statistiken hinterherzurennen?

Wir produzieren stetig ein Bauteil weniger als der Marktbedarf, sodass unser begehrliches Produkt nie im Überschuss verfügbar ist.

- Lieferzeit reduzieren von neun auf drei Monate (Prozentskala nach Lieferzeitverkürzung);
- Auftragsbestand in plus vier Wochen: Bedarf einer zweiprozentigen Produktivitätssteigerung (wöchentliche Messung, ob die aktuelle Produktionsleistung in Bezug auf den Bedarf in vier Wochen noch gerechtfertigt ist);

- Produktionskapazität ist binnen vierundzwanzig Stunden +/− fünfzig Prozent flexibel (Anzahl Arbeitsplätze, die diesem Flexibilitätsanspruch entsprechen).

Die Firma Porsche hat nach meiner Information in den Neunzigerjahren nicht nach OKR gearbeitet. Ich habe dieses Objective von ihrem damaligen CEO, Wiedeking, ausgeliehen. (»Wir produzieren immer ein Auto weniger als der Markt verlangt.« (Wiedeking im Januar 2009 über die Produktionsdrosselung von Porsche wegen der Autokrise) https://www.morgenweb.de/mannheimer-morgen_fotostrecke,-fotostrecke-die-besten-zitate-von-wendelin-wiedeking-_mediagalid,13576.html) Mit diesem Ansatz hat er den damals fast in die Pleite geratenen Nischenproduzenten zu einem der profitabelsten Autobauern der Welt gemacht.

**Kapitel 3**

# Crafting Part I – Geniale Prioritäten ergeben awesome OKRs

Meine Kollegin Valérie und ich hatten einen wunderbaren Vormittag in Berlin. Wir waren eingeladen, einen OKR-Einführungsworkshop für fünfzig internationale Manager zu moderieren. Jeder hatte ein Team in einer Abteilung von circa fünfhundert Com Ops Heroes unter sich (Commercial Operations in modernen Firmen sorgen dafür, dass alle Bestellungen im richtigen System zeitnah eingepflegt werden, dass alle Produktionsstandorte und Lieferanten rechtzeitig liefen können sowie dafür, dass die Logistik und das Rechnungswesen ebenfalls der Auslieferung dienen können). Wir hatten also mit denjenigen hier zu tun, die in großen Firmen die Räder am Laufen halten.

Es war der letzte Tag eines einwöchigen Events und die Stimmung war hervorragend. Kurz vor der Vormittagspause verließen einige Leute den Raum und man spürte, dass irgendetwas nicht stimmte. Ihr Vorgesetzter, Thomas, ein fantastischer Mensch, kam in der Pause zu mir und erklärte, dass sich in Puerto Rico eine Naturkatastrophe ereignet hatte. Dort hatte das Unternehmen eine große Produktionsstätte, die wiederum viele Kunden und andere interne Betriebsanlagen mit Maschinenteilen versorgte. Er war nicht nur in Sorge wegen der Zuverlässigkeit des Materialflusses, er war vor allem besorgt um seine Kollegen auf der Insel, denn die Kommunikation mit der Insel war komplett abgeschnitten. Den Nachrichten zufolge war die Insel sehr stark von der Katastrophe betroffen.

Thomas erklärte, dass wir die Schulung zu Ende bringen sollten, dass jedoch einige Mitarbeiter nicht daran teilnehmen könnten und er eine Nachtschicht einlegen müsse, um einen Notfallplan auszuarbeiten. Valérie und ich nahmen uns fünf Minuten zum Nachdenken und schlugen ihm dann vor, dass wir unser Training in eine Notfall-Crafting-Session abändern würden.

Wir nutzten OKR, um Klarheit in die Sachlage zu bringen, um den Fokus auf die wichtigen Dinge zu richten, die wirklich ausschlaggebend waren.

Wie Sie in den nächsten beiden Kapiteln lesen können, sind OKR-Ziele niemals mittelmäßig. Manchmal wehren sich Teilnehmer in Schulungen dagegen, wie erreichbar ein Key Result sein sollte, aber diese Crafting-Session war in der Hinsicht beispiellos.

In dieser Session in Berlin legten wir vier OKRs mit Key Results wie zum Beispiel »Nimm telefonisch Kontakt zu fünf Schlüsselpersonen bis Sonntagabend auf« fest. Es stand so viel auf dem Spiel, dass nicht eine einzige Person, inklusive Valérie und mir, sich auch nur im Entferntesten traute, daran zu zweifeln, wie realistisch unsere Ziele waren, weil wir einfach keine andere Wahl hatten – wir mussten dieses ehrgeizige Ziel einfach erreichen.

Die Geschichte hatte zum Glück ein positives Ende für den Kunden, denn die meisten unserer Key Results wurden erfüllt und ich habe zum darauffolgenden Weihnachten sogar einen persönlichen Gruß von einem Kollegen aus Puerto Rico erhalten. Er dankte uns, weil diese Com-Ops-OKRs extrem wichtig in der Wiederherstellungsphase gewesen sind.

Vielleicht fragen Sie sich, warum ich diese Geschichte hier erzähle? Der Grund ist: Die goldene Regel von OKR-Crafting besagt, dass es ein GiGo-System ist und dass ein Wie-, nicht ein Ob-Mindset hierfür benötigt wird.

So hängt auch OKR existenziell davon ab, dass Sie die richtigen Prioritäten wählen und dass die Ziele, die Sie sich gesetzt haben, darauf ausgerichtet sind, diese gesetzten Prioritäten auch umzusetzen. Im Gegensatz zu den meisten traditionellen Zielvorgabeprinzipien, legen wir wesentlich weniger Wert darauf, ob unsere großartigen Ziele erreichbar sind oder nicht.

Iding of the bin

OKR-Set miteinander verbindet. Dann runden wir das Ganze noch ab, indem wir lernen, wie Sie abteilungsübergreifende Prioritäten kommunizieren und vereinbaren können, indem man den OKR-Alignment-Prozess dazu nutzt, die Silos einzureißen und Zusammenarbeit zu stärken – und das ist nur die erste Hälfte der Geschichte!

Ich kann nur immer wieder unterstreichen, wie wichtig es ist, dass Sie sich genügend Zeit für das Craften der OKRs nehmen, ganz besonders, wenn Sie Einsteiger sind. Alle weiteren OKR-Aktivitäten bauen hierauf auf.

Daher habe ich dem Thema Crafting zwei Kapitel gewidmet und noch ein zusätzliches für das Thema Alignment geschrieben. In diesem Kapitel geht es darum, wie man die relevanten OKR-Themen aussucht. Das anschließende Kapitel behandelt, wie man vorbildliche Os und bedeutungsvolle KRs formuliert und sie in einem gewagten

## **WAS** bedeutet OKR ganz praktisch gesehen?

### Was ist Crafting?

Crafting ist das Definieren und Schreiben eines OKRs. Hierfür sammeln Sie zunächst Ihre Ideen, legen Ihre Prioritäten fest, sortieren die Themen sinnvoll und wandeln die Ideen in Ziele um. Anschließend formulieren Sie diese Ziele in sinnvolle und wertvolle Sätze.

### Was genau ist ein OKR?

Ein OKR ist ein Paket von Zielen. Es besteht aus einem Objective und bis zu vier Key Results. Es ist ein unabhängiges, in sich geschlossenes Bündel, denn die Key Results müssen erreicht werden, damit das Objective erfüllt wird.

### Was ist der Unterschied zwischen einem OKR und einem WIN WITH OKR?

WIN WITH ist die motivierende Art und Weise, wie wir OKR trainieren und implementieren. Dadurch ermöglichen WIN WITH OKRs einen extrem schnellen ROI und wertvolle Erkenntnisse vom ersten Tag an – weil die OKRs auf eine ganz bestimmte Art und Weise formuliert werden.

### Wie genau craftet man OKRs?

Hierfür möchte ich Sie bitten, das nächste Kapitel zu lesen.

### Wie viele OKRs kann man maximal gut handhaben?

Die Standard-OKR-Regel lautet: Begrenzen Sie sich auf ein absolutes Maximum von fünf Objectives. Zu jedem Objective gehören maximal vier Key Results.

### Wie viele Objectives und Key Results sollte man haben?

Je größer die Zahl der Prioritäten, desto weniger haben Sie – verstehen Sie, was ich damit sagen möchte? Wir haben festgestellt, dass es fast immer ausreicht, drei OKRs pro Set zu haben, manchmal sind es auch vier oder nur zwei.

### Was ist ein OKR-Set?

Ein OKR-Set ist ein Satz von OKRs, die ein Mitarbeiter, eine Gruppe, eine Abteilung oder eine Firma gegenwärtig vorantreibt. Wir beschränken uns auf maximal fünf OKRs je Set. Dabei kann es vorkommen, dass Sie Kollegen oder andere Teams bei deren OKR-Arbeit unterstützen, aber Sie treiben nur Ihr eigenes Set an OKRs selbst aktiv voran.

### Kann man ein OKR mit nur einem Key Result haben?

Nein! Das wäre ein Zeichen dafür, dass das OKR nicht gut durchdacht ist. Sie brauchen nicht unbedingt vier Key Results, jedoch mindestens zwei.

### Jedes OKR hat Top-Priorität – ist es denn überhaupt möglich, mehrere Top-Prioritäten zu haben?

Dieses Argument höre ich sehr oft in meinen Workshops, aber es ist Quatsch: Ich habe zwei Kinder und eine Frau, und sie stehen alle als Top-Priorität in meinem Leben. So verhält es sich auch mit Profit und Umsatz oder mit meinen beiden besten Kunden et cetera.

Priorität ist nicht das gleiche wie Kapazität. Fragen Sie sich, wo Sie im nächsten OKR-Zyklus Ihre Zeit und Kraft investieren möchten und welche Ziele Sie ultimativ auf gar keinen Fall verpassen sollten.

## Wie kann man vermeiden, zu viele OKR-Prioritäten zu haben?

Das Kapitel »Alignment« beschäftigt sich stark mit diesem Thema. In Kürze: Wir müssen uns von dem irrtümlichen Gedanken trennen, dass man mehr erreicht, wenn man mehr beginnt. Der Fluch eines pflichtbewussten Menschen ist, dass er erzogen wurde, die Wertigkeit seiner Arbeit in direkte Relation mit dem Pensum an Arbeitsstunden zu setzen. OKR macht schnell klar, dass weniger Zeit in ein paar weniger Themen zu investieren uns schneller zum Erfolg führt.

## Was versteht man unter Alignment?

Wie schon erwähnt, ist auch diesem Thema ein eigenes Kapitel gewidmet. Hier geht es im Detail darum, wie Sie Prioritäten abstimmen und wie Sie ausreichend Arbeitszeitkapazitäten einplanen, damit sich die jeweiligen OKRs gegenseitig unterstützen (oder zumindest nicht behindern).

## Was ist der Unterschied zwischen Crafting und Planning?

Einige bezeichnen das Crafting und Alignment zusammen als Planning. In anderen Worten: Planning ist der Prozess, die eigenen Top-Prioritäten zu wählen, sie in Objectives und Key Results zu beschreiben und im Anschluss die eigenen Prioritäten mit denen Ihrer direkten und indirekten Kollegen abzustimmen.

## WARUM sollten wir gewohnte Pfade verlassen?

### Warum ist das Craften von OKRs effektiver als sich einfach oldschool Ziele zu setzen?

Fast jedes Team, mit dem wir zusammenarbeiten, sagt am Ende seines ersten Zyklus, dass OKR ihm geholfen hat, viel genauer zu verstehen, was genau es erreichen will. Darüber hinaus hat es dazu beigetragen, einen Weg zu finden, dies dann auch zu erreichen.

**Behaupten Sie tatsächlich, dass die meisten Manager nicht wissen, warum sie ihre MbO-Ziele setzen?**

Die traurige Wahrheit ist leider ja und die, die es doch wissen, schaffen es in der Regel nicht, diese einheitlich in ihrer Organisation zu kommunizieren. Ich frage routinemäßig zu Beginn eines Projekts die hochrangigen Manager, warum sie ihre obersten Ziele gegenüber anderen wichtigen Targets gewählt haben. Nur ganz wenige haben eine robuste Antwort auf diese Frage. Vielleicht haben Sie nun innerlich unbewusst begonnen, mir zu widersprechen – dann haben Sie gerade mit dem Craften begonnen. Wenn wir OKRs craften, beantworten wir diese Frage zuallererst, während wir die Ziele setzen. Schreiben Sie Ihre Antworten doch einmal auf und fordern Sie Ihre Kollegen auf, das Gleiche zu tun.

**Wir sind unheimlich beschäftigt und haben einfach nicht so viel Zeit für das Craften!**

Nachdem Sie ihre ersten paar OKR-Zyklen hinter sich haben, werden Sie die Ironie dieser häufigen Beschwerde besser verstehen. Es ist die Lösung, nicht das Problem, sich alle neunzig Tage etwas Zeit zu nehmen, um die Prioritäten zu überdenken und neu auszurichten.

Es entspricht der Henne-Ei-Frage, dass Menschen, die keine Prioritäten setzen, zu beschäftigt sind, darüber nachzudenken, ob das, was sie tun, überhaupt einen Mehrwert hat.

**Können wir den Crafting-Prozess für unsere erste Einführung nicht etwas verkürzen, damit wir schneller anfangen können?**

Absolut NEIN! Genau darin liegt der häufigste Fehler bei der Einführung von OKR. OKR ist – wie schon erwähnt – ein GiGo-System. Wenn Sie also die falschen Prioritäten wählen, zu viele OKRs festlegen, diese nicht mit den OKRs der anderen abstimmen, sie zu schwach formulieren oder ineffektive Key Results festlegen, dann verbringen Sie die nächsten drei Monate damit, OKR zu verfluchen.

### Was wird schieflaufen, wenn wir die falschen OKR-Themen wählen?

Sie werden einfach keine Zeit finden, an diesen Themen zu arbeiten und werden höchstwahrscheinlich zu einem späteren Zeitpunkt behaupten, dass OKR weder relevant noch vorteilhaft in Ihrem Arbeitsbereich ist. So viele beschweren sich heutzutage, dass sie zu wenig Zeit haben. Daher sind die richtigen Prioritäten unerlässlich für einen erfolgreichen OKR-Zyklus.

## WANN sollten wir den nächsten Zyklus starten?

### Müssen sich OKRs immer auf drei Monate beziehen?

Nein. Bei Ihren ersten OKR-Zyklen empfehlen wir das jedoch sehr stark. Sie können es danach entsprechend Ihrer eigenen Bedürfnisse anpassen. Mehr Information hierzu finden Sie im Kapitel »Engage – die ersten Schritte in die Welt von OKR«.

### Kann jede Abteilung mit einem anderen Rhythmus anfangen?

Hierzu finden Sie ebenfalls im Kapitel »Engage« mehr Informationen. Die kurze Antwort lautet: Fangen Sie einfach mit synchronisierten Zyklen an.

**Aber manche Arbeit lässt sich einfach nicht in ein Dreimonatsfenster pressen. Sie können doch nicht von mir erwarten, dass ich eine Arbeit von neun Monaten in drei erledige?**
Na klar. Es wäre ein sehr gewagtes Ziel, ein Neunmonatsprojekt in drei Monaten zu erledigen und würde bestimmt nur zu Frustration führen und Mittel verschwenden.

Der Sinn eines OKR-Zyklus ist, die Arbeit, die Sie priorisieren, beim Synchronisieren mit einer Timebox (ein definiertes Enddatum) zu versehen, während wir unsere Prioritäten überdenken und abstimmen.

Wenn Sie also an einem neunmonatigen Programm arbeiten, müssen Sie sich einfach die Frage stellen, von welchen Prioritäten Sie träumen, die in drei Monaten erreicht sein sollen und wie Sie messen, ob Sie dies auch erreicht haben.

**Was ist der Unterschied zwischen Quartals- und Jahres-OKRs und wann sollen sie festgelegt werden?**
Im Kapitel »Alignment« werden wir noch einmal im Detail thematisieren, weshalb es Sinn ergibt, sowohl Jahres- als auch Quartals-OKRs festzulegen. Die Jahres-OKRs (Yearlies) beschreiben, wo wir am Ende des Jahres sein wollen, oftmals mit allgemeineren Key Results auf einer höheren Ebene – während bei den Quartals-OKRs (Quaterlies) der Fokus darauf liegt, was jetzt unmittelbar angegangen werden muss.

**Kann ein Quarterly ein Key Result eines Jahres-OKRs sein?**
Nein, üblicherweise nicht. Um unnötige Komplikationen zu vermeiden, stelle ich beim Craften einfach immer wieder die Frage: »Von welchem Ergebnis träumen Sie in diesem Quartal?« Lassen Sie durch die Formulierung der Yearlies den Inhalt Ihrer Quarterlies bestimmen. Das klingt anfangs sehr komisch. Aber wenn Sie als Jahres-Objective gewählt haben, einen neuen Markt zu erobern,

mit Key Results bezogen auf Marktanteile, Umsatz und Auftragsbestand, ist es oft sinnvoll, dass das Quartals-OKR diese Key Results nicht direkt unterstützt.

Stattdessen konzentrieren Sie sich auf Key Results, die sich beispielsweise auf den Aufbau eines lokalen Teams oder einen ersten Social-Media-Erfolg im Markt beziehen.

### Benötigt jedes Quartals-OKR ein Jahres-OKR?
Auf keinen Fall! OKR setzt den Rahmen, der Ihnen hilft, Ihre wirklichen Prioritäten zu identifizieren, abzustimmen und die darin beschriebenen Ziele zu erreichen. Manchmal sind die Yearlies und Quarterlies sehr eng aufeinander ausgerichtet. Es kann auch vorkommen, dass Sie sogar das Yearly für ein ganzes Quartal ignorieren, damit Sie sich auf ein großes Ereignis in den kommenden drei Monaten konzentrieren können. Das ist völlig in Ordnung, solange Sie dies bewusst entschieden haben.

### Brauchen wir immer Jahres-OKRs?
Überhaupt nicht! Jahres-OKRs sind nur optional, und je nachdem wie agil Ihr Unternehmen ist, könnten Sie zu schwerfällig für Sie sein. Gleichzeitig gibt es immer wieder OKRs, die nicht innerhalb von drei Monaten erzielt werden können und sollen. Dann dient die Möglichkeit eines Jahresziels zur Unterstützung, um Ihre dringenden und wichtigen Ziele entsprechend zu handhaben. Jahres-OKRs zeigen Ihnen auch immer eindrucksvoll, wie Ihre Ausgangslage aussah – und Sie können anhand der Yearlies alle anderen unterjährigen Prioritäten kritisch bewerten und überprüfen.

### Darf man Jahres-OKRs jemals ändern?
Selbstverständlich. Sollten Ihre Prioritäten sich aus irgendwelchen Gründen ändern, passen Sie auch Ihre Jahres-OKRs dementsprechend an! Bitte treffen Sie keine überstürzten Entscheidungen, die in der Folge zu sprunghaften, wöchentlichen Änderungen führen. Mein bewährtes Rezept ist, die Jahres-OKRs am Ende jedes

einzelnen Quartals zu hinterfragen und gegebenenfalls anzupassen, bevor sie für die nächsten zwölf Wochen in Stein gemeißelt werden.

### Wie lange dauert es, OKRs zu craften?

Manchmal mache ich Witze, dass der Crafting-Prozess dreizehn Wochen dauert, denn sobald Sie anfangen, an Ihren OKRs zu arbeiten, startet zur selben Zeit der Lernprozess dafür, was Sie beim nächsten Mal besser machen möchten.

Die meiste Arbeit findet natürlich beim Quartalswechsel statt und dauert circa zwei bis drei Wochen. OKRs brauchen Zeit zum Reifen. Setzen Sie sich nicht unter Druck, alles in wenigen Stunden in einem einzigen großen Crafting-Workshop zu stemmen.

Ich empfehle in diesen zwei Wochen einen iterativen Prozess, bei dem das Management die Richtung angibt, angereichert vom Feedback aus den Reihen der Belegschaft. Gleichzeit darf dieser Prozess nicht über diese zwei bis drei Wochen hinausgehen. Ohne dies als absolute Grenze festzulegen, werden Sie feststellen, dass manch einer wochenlang seine OKR-Inhalte unnötig perfektioniert.

### Wann sollte man mit dem Craften beginnen?

Es macht keinen großen Unterschied, ob Sie hierfür die ersten zwei Wochen eines neuen Zyklus ansetzen oder die letzten zwei Wochen des vorherigen. Wir empfehlen generell, in den letzten zwei Wochen des vorherigen Zyklus zu beginnen und die OKRs dann in der ersten Woche des neuen Zyklus fertigzustellen. (Mehr Informationen hierzu finden Sie im Kapitel »Grading«.)

### Werden wir im Laufe der Zeit schneller?

Auf jeden Fall! Je nachdem, wie das Geschäft läuft, wird es immer mal wieder einen Zyklus geben, bei dem das Crafting etwas schwieriger ist. Aber grundsätzlich gilt: Mit jedem Durchlauf wird es einfacher. Das liegt nicht nur an der Übung, sondern auch daran, dass Sie ein besseres Verständnis für die wertvollen und wichtigen Dinge auf Ihrer Agenda entwickeln.

## WIE können wir unsere Ziele bestimmen?

**Hält uns OKR nicht davon ab, am wirklich wichtigen Ziel, dem gut gefüllten Auftragsbuch, zu arbeiten?**
Das Schwierigste an OKR ist, die richtige Balance zu finden – OKRs sollten nicht zu sehr auf das Operative abzielen, aber trotzdem einen Bezug auf Ihr Kerngeschäft haben.

Sind die OKRs zu operativ, stellen sie lediglich To-do-Listen dar und fühlen sich wie zusätzliche Admin-Arbeit ohne Mehrwert an.

Andererseits werden Sie OKRs, die in Ihren ersten paar Zyklen keinen Bezug zu Ihrem Kerngeschäft haben, im Laufe des Zyklus vergessen, weil sie nicht priorisiert werden.

Setzen Sie daher immer mutige OKRs, die einen direkten und positiven Einfluss auf Ihre täglichen Pflichten haben.

Wählen Sie Ihre Ziele clever! Können Sie vielleicht sogar etwas Neues in Angriff nehmen, während Sie Ihr Hauptgeschäft erledigen? Das funktioniert beispielsweise, indem Sie vorsichtig zusätzliche Fragen in Kundengespräche einfließen lassen, um bedeutende Informationen zu erhalten.

**Wie fängt man an? Was sind die ersten Schritte?**
Der allererste Schritt ist: Vergessen Sie einfach alles, was ich bisher in diesem Kapitel geschrieben habe. Befreien Sie sich von allen Regeln und Beschränkungen – fragen Sie sich, was Ihre drei bis fünf Hauptprioritäten für die nächsten drei Monate sind.

Dann schreiben Sie diese Wünsche auf Klebezettel, pro Wunsch ein paar Stichpunkte, zum Beispiel: Gewinn erhöhen, neuen Markt öffnen, Qualitätsprobleme reduzieren, verbesserte Zuverlässigkeit der Logistik …

Schreiben Sie, bis Ihnen nichts mehr einfällt, egal wie viele Klebezettel Sie benötigen.

Erst, wenn Ihnen nichts mehr Sinnvolles einfällt, kleben Sie diese Post-its an die Wand und stellen Ihre Prioritäten Ihren Kollegen vor.

**Formulieren Sie normalerweise die Objectives vor den Key Results oder andersherum?**
Wir haben noch keine endgültige Antwort auf diese Frage gefunden, da sich dies immer wieder ändert – je nach Gruppe oder dem Einzelnen, mit dem wir gerade arbeiten. Manche denken in Fakten und Zahlen, andere fangen an, über ihren zukünftigen Traumzustand zu reden. Diese menschlichen, charakterlichen und psychologischen Unterschiede lassen sich nicht auf einen Standard reduzieren. Außerdem werden Sie hier lesen, dass es auch keinen Unterschied macht, womit Sie beginnen.

Während des kreativen Prozesses, den ich oben beschrieben habe, werden sich manche Dinge wiederholen. Gruppieren Sie solche Zettel – und nun ist es an der Zeit, über den Mehrwert zu sprechen.

Während Sie dies tun, werden Sie bemerken, dass Sie die Zettel gruppieren und dann wieder anders gruppieren. Das hilft Ihnen, Ihre wesentlichen Antriebskräfte zu verstehen und es hilft Ihnen auch, zu erkennen, welche Zettel welche Prioritäten am besten unterstützen.

In dieser Phase geschieht bei unseren Kunden typischerweise eins von beiden: Entweder kristallisieren sich während der Diskussion über den Mehrwert, den sie erbringen möchten, ziemlich schnell drei bis fünf Objectives heraus. In diesem Fall werden ein paar Klebezettel daneben geklebt, als ihre »so, dass …« (Mehrwerte!), und schließlich werden die KR-Notizen mit den konkreten Zielen darunter gesammelt aufgeklebt.

Oder Sie häufen die KRs in verschiedenen Gruppen zusammen, überlegen, wie man sie messen könnte und denken dann über den Mehrwert nach (sprich das Objective), der erreicht werden könnte, wenn diese Ergebnisse erzielt werden.

Diese Gruppendiskussionen sorgen für einen prinzipiellen Team-Buy-In aller OKRs, aber jetzt kommt die Zeit, in der es sinnvoll ist, die Gruppe in kleinere Teams von einigen wenigen Teilnehmern aufzubrechen, sodass man sich an die Details setzen kann.

Bei der Diskussion über die Messbarkeit wird auch oft erkannt, dass das KR eigentlich doch ein regelrechtes Objective ist. In der Folge wird es mit dem ursprünglichen Objective ausgetauscht, das dann wiederum zum messbaren Key Result wird. Spätestens jetzt ermutigen wir unsere Kunden, eine Notiz für die Messbarkeit bei jedem KR hinzuzufügen, zum Beispiel die Marktgröße oder Reichweite des neuen Drohnen-Lieferservice.

Hier folgen zwei ähnliche Beispiele, in denen ein neuer Markt erobert und ein innovativer Drohnen-Lieferservice diskutiert werden:

### **BEISPIEL** Objective oder Key Result?

Wenn Ihre Lieferleistung einen sehr schlechten Ruf hat, könnte ein innovativer Drohnen-Lieferservice in einem neuen Markt Ihr Traum-Objective sein, weil es sowohl Ihre Lieferleistung als auch Ihren Ruf verbessert.

Wenn dagegen Ihre Firma in Schwierigkeiten geraten ist, könnte Ihr Objective sein, einen neuen Markt zu erobern. In diesem Fall wird der innovative Drohnen-Lieferservice zum Key Result, um dieses Objective zu erzielen.

**Wie kann man erstklassige Objectives und nützliche Key Results formulieren?**
Wenn die Klebezettel-Diskussion nachlässt und sich dem Ende neigt – aber wirklich erst dann – beginnen wir mit der Formulierung der OKRs. In diesem Prozess denken Sie bitte noch immer frei. Kommen Sie erst zu Ihren Texten zurück, um sie zu überarbeiten. Sie können das alles in einem einfachen Textdokument wie MS Word oder ALWAYS erledigen. Vermeiden Sie OKR-Spreadsheets oder Software für diesen Schritt.

Es ist wichtig, dass die Kleingruppen ihre OKR-Entwürfe dem Rest der Gesamtgruppe an dieser Stelle präsentieren und dass ein offener, ehrlicher Austausch, vielleicht sogar eine Diskussion von allen begrüßt wird. Gleichzeitig hat sich ebenfalls bewährt, diese OKR-Entwürfe nach regem Austausch ein, zwei Nächte reifen zu lassen, bevor man sie endgültig im Team verabschiedet. Frühestens jetzt sollten Ihre OKRs in ein Spreadsheet oder die Software eingepflegt werden.

Im nächsten Kapitel geht es um das Formulieren von großartigen OKRs.

**Aber wir haben einen ganz anderen Crafting-Prozess in einem Buch gelesen/von unserem OKR-Trainer gelernt!**
Wenn Sie dieses Buch gekauft haben, könnte es gut sein, dass Sie ebenfalls das Buch von Paul Niven und Ben Lamorte: »Objectives and Key Results, Driving Focus, Alignment and Engagement with OKRs«, gelesen haben oder lesen werden. Es ist eines der Bücher, das meiner Meinung nach den OKR-Standard gesetzt hat, dem viele folgen. Es ist voller praktischer Ratschläge und ein weiterer Beweis dafür, dass die OKR-Community sehr transparent ist und aus lauter offenen Typen besteht, die keine Angst davor haben, ihr Wissen zu teilen und sich gegenseitig zu helfen. Auch an dieser Stelle sage ich Danke an die Autoren.

Wie die Autoren selbst in ihrem Buch erwähnen, ist OKR eine Art Open-Source-Ansatz. Sie raten ihren Lesern, OKR an ihre Bedürfnisse anzupassen. Ich deute das so, dass ich Sie immer wieder daran erinnere: »Progress eats theory for breakfast«. In anderen Worten: Wenn mein Rat nicht ganz passt, machen Sie einen Schritt rückwärts und denken Sie über Variationsmöglichkeiten von meinen Vorschlägen nach, die für Sie besser passen, um den gewünschten Effekt zu erzielen. Und übrigens – damit meine ich nicht, machen Sie einfach so weiter wie bisher und nennen es dann OKR.

Ich habe Ben oder Paul nie persönlich kennengelernt, aber wir scheinen in vielen Dingen, die OKR betreffen, übereinzustimmen, mit einer wirklich maßgeblichen Ausnahme – wie man craftet, oder vielleicht besser, was CRAFT ist. In ihrem Buch bezieht sich CRAFT auf eine wirklich coole Abkürzung, auf den Prozess des Ausarbeitens, Abstimmens, Verbindens und Vollendend der OKRs – einfacher ausgedrückt, den Prozess der Zielabstimmung.

Ich habe den Begriff Crafting von den beiden übernommen und damit in meinen Coaching-Projekten das Erschaffen der OKRs bezeichnet, bevor wir sie mit dem Team abstimmen, was ich im nächsten Kapitel erklären werde. Dieser Begriff blieb hängen und hat sich zu einem großen Teil von WIN WITH OKR entwickelt.

Warum erkläre ich Ihnen das alles? Weil ich ein schlechtes Gewissen habe, dass ich ihre Definition abändere? Ja, vielleicht schon ein wenig, aber der Hauptgrund ist, dass sich unser Ansatz dazu, wie man mit der Ausarbeitung der OKRs beginnt, sehr unterscheidet. Damit möchte ich nicht behaupten, dass ihr Ansatz für Sie nicht funktioniert, aber mein Team und ich haben immer den ersten OKR-Zyklus mit einem Gruppen-Brainstorm begonnen, bevor wir die Teilnehmer in viel kleinere Gruppen aufteilen, um ihre OKRs zu konkretisieren.

Ohne die wissenschaftliche Forschung, auf die sich Paul und Ben beziehen, gering schätzen zu wollen, haben wir bemerkt, dass es wichtig ist, viele Stimmen in die anfänglichen Klebezettel-Sessions, die ich unten noch genauer beschreibe, zu involvieren. Denn dies führt dazu, dass keiner die Party mit Lieblings-OKRs verlässt, oder andersherum, mit OKRs weggeht, zu denen er keinerlei Bezug hat. Die gute Nachricht ist, dass sich unsere Ansätze beim zweiten, spätestens beim dritten OKR-Zyklus immer mehr einander annähern. Mehr hierzu im Alignment-Kapitel.

## WER muss dabei sein?

**Was ist mit unserem Serviceteam? Die bearbeiten den ganzen Tag nur ihre Tickets – wie sollen sie da strategische Wirkung haben?**

Das ist der Unterschied zwischen Aufgabe und Verantwortlichkeiten: Solche Fragen werden oft gestellt und die Behauptung aufgestellt, dass ein Team überhaupt keinen strategischen Mehrwert hat.

Das ist ein stumpfes Werkzeug eines Beraters, und ich sage Ihnen, dass Sie dieses Team sofort rausschmeißen sollten, weil es völlig wertlos für die Organisation ist – es verschwendet nur Geld. An dieser Stelle rollen alle mit den Augen und mögen mich nicht mehr. Sie fangen an zu diskutieren, was alles schieflaufen würde, wenn diese Kollegen alle entlassen würden. Und plötzlich erkennen sie ganz genau, welchen Mehrwert dieses Team in Wirklichkeit hat und genau hier fangen wir an, unsere Objectives zu setzen.

**Können Sie mir ein Beispiel hierzu geben?**

Ein Projektmanager macht Aufgabenplanung, Kick-off-Meetings, Lieferantenbesuche und räumt Tasklisten auf. Aber das Maß des strategischen Nutzens ist, ob es ihm gelingt, alle Aufgaben rechtzeitig zu erfüllen, ob er ein gegenseitig gut informiertes Team hat und eine Lieferkette, bei dem alle an das Projektziel glauben.

Ein Service-Desk macht Tickets für Reparaturarbeiten, aber der Wert seines Erfolgs ist, ob die Servicemitarbeiter es schaffen, dass es keine wiederkehrenden Probleme gibt, dass das Backlog immer kleiner wird. Sie haben einen direkten Einfluss darauf, ob Kunden unsere Produkte nachbestellen.

**Also meinen Sie, dass OKR sich nicht auf unseren normalen täglichen Geschäftsalltag bezieht?**
Ganz im Gegenteil – nur wenn das der Fall ist, können Sie wirklich sicherstellen, dass Ihre OKRs einen Bezug zu Ihren wahren Prioritäten haben.

In der obigen Antwort wollte ich nur aufzeigen, dass das Ausmaß des Werts unserer täglichen Arbeit oftmals viel größer ist, als wir auf den ersten Blick sehen.

**Ich kann einfach nicht erkennen, wie wir unsere tägliche Arbeit erledigen können und auch noch an Innovation arbeiten sollen?**
Hier ist noch ein Beispiel von einem anderen Serviceteam. Ich habe einmal ein Objective mit einem IT-Hotline-Mitarbeiter vereinbart: »Ich gehe jeden Tag pünktlich und ohne schlechtes Gewissen nach Hause«.

Diese Geschichte können Sie im Detail direkt im Anschluss lesen. Das Ergebnis war, dass die ganze Organisation ihren Ticket-Backlog in drei Monaten drastisch um fast die Hälfe reduziert hat.

**BEISPIEL OKR – IT-Helpdesk**

Wie kann man OKR als Win-Win-Werkzeug anwenden, die Frustrationen einzelner Mitarbeiter erfahren und sie als Sprungbrett für Quantumsprünge der Firmenleistung nutzen?

Ich gehe jeden Tag pünktlich nach Hause und zwar mit gutem Gewissen:
- Täglich alle High-Priority-Tickets bis zum Feierabend gelöst (Anzahl erfolgreiche Tage);
- Keine kritischen IT-Ausfälle (Prozentskala Istzustand versus Sollzustand basierend auf Eskalationsmodell);
- Feierabend spätestens um 17:00 Uhr (Anzahl erfolgreiche Tage);
- Kein Ticket ist älter als zwei Wochen (Prozentskala Istzustand versus Sollzustand).

Dieses Objective ist eines meiner liebsten Beispiele. Wir haben ein internationales Team von hunderten IT-Profis unterstützt.

Ein Mitarbeiter hat in einer Schulung gechallenged und behauptet, dass er am IT-Service-Desk nicht für das strategische Denken bezahlt wird, sondern für die Abarbeitung der Tickets. Als ich fragte, ob er täglich pünktlich nach Hause gehe, hat er mit Worten geantwortet, die in diesen Text nicht hineingehören.

Als perfektes Bottom-Up-Beispiel fanden die regionalen Service-Desk-Chefs in dieser sehr erfolgreichen Biomed-Firma dieses Objective so relevant, dass sie ein internationales Best-Practice-Projekt gestartet und sein Objective auf Abteilungsebene hochgestellt haben.

Dank dieses Best-Practice-Austauschs konnten sie ihre internationale Effizienz stark anheben. Vielmehr haben sie einen sogenannten Follow-the-Sun-Ticket-Handover-Prozess eingeführt, sodass sie ihre Kapazitäten international teilen konnten. Alle Mitarbeiter konnten tatsächlich pünktlich nach Hause gehen und alle internen Kunden haben dadurch einen Vierundzwanzig-Stunden-Ticket-Dienst gewonnen. Das Ende vom Lied war ein internationaler Ticket-Backlog, der sich binnen weniger Wochen um fast die Hälfte reduziert hat – wenn das kein großer Erfolg ist.

**Kapitel 4**

# Crafting Part II – WIN WITH – Traumhafte Os und mutige KRs

Am 12. September 1962 hielt J. F. Kennedy eine Rede, die als »We choose to go to the Moon«-speech bekannt wurde. Er setzte damit das erste Ziel, das sprichwörtlich nach den Sternen gegriffen hat. In seiner fantastischen Podcast-Serie »Thirteen Minutes to the Moon« enthüllt Kevin Fong, warum Kennedy genau dieses Ziel gesetzt hat und aus meiner Sicht damit eines der besten Beispiele für eine konstruktive Störung erbracht hat.

Neil Armstrongs erster Schritt auf der Oberfläche des Monds 1969 war ein riesiger internationaler Erfolg, aber das Apollo-Programm musste unzählige Herausforderungen meistern – von der ersten Sekunde, in der diese Idee geboren worden ist, bis zur letzten Sekunde vor der Landung auf dem Mond. Zudem war 1962 das amerikanische Space-Programm weit davon entfernt, erfolgreich zu sein. Mitten im Kalten Krieg hatte Russland kurz zuvor den ersten Menschen ins All geschossen und Kennedy suchte verzweifelt nach einem Plan, um die Russen wieder überholen zu können. Die Amerikaner hätten natürlich auch einfach nur mehrere Menschen ins All schicken können oder sie länger im All lassen können, aber damit wären sie lediglich hinterhergehinkt.

Also hat Kennedy kurzerhand die Karten neu verteilt, indem er den Mond als Ziel auserkoren hat. Er setzte damit ein Ziel, von dem keiner auch nur annähernd eine Ahnung hatte, wie man es erreichen kann. Ein Ziel, bei dem weder die USA noch Russland einen annehmbaren Vorsprung hatten. Im Rückblick sieht es vielleicht wie der logische nächste Schritt aus. Man muss aber bedenken, dass Juri Gagarins Flug die Menschheit erstmals über die hundert Kilometer hohe Kármán-Linie brachte, wo er unseren Planeten in 108 Minuten umrundete, bevor er wieder zurückflog. Zum Mond fliegen dagegen bedeutet, acht Tage im Weltall zu verbringen, eine Distanz von fast 400.000 Kilometern zurückzulegen und wieder zurück zur Erde zu fliegen, noch dazu technische Herausforderungen wie die Landung und das anschließende Abheben vom Mond zu meistern, falls das Raumschiff überhaupt bis zum Mond kommen würde.

Zu diesem Zeitpunkt wusste noch niemand, dass Apollo 11 mit drei Mann Besatzung ausgestattet und von der ersten computerprogrammierten Steuerung kontrolliert würde. Niemand wusste, dass es aus einem Mutterschiff und einem separaten Mondlandungsmodul bestehen oder dass dieses Landungsmodul seine geplante Landezone erheblich überschreiten würde. Und hierin besteht die Verbindung zum Craften von besseren OKRs: Wenn Kennedy ein realistisches Ziel gesetzt hätte, wären viele dieser großen Schritte für die Menschheit vielleicht nie erfolgt.

In diesem WIN-WITH-OKR-Kapitel geht es ausschließlich darum, effektive OKRs festzulegen. Dies ist auch mein Herzenswunsch, aus dem heraus ich dieses Buch geschrieben habe. Eigentlich könnte jeder ein OKR schreiben. Aber sowohl den richtigen Inhalt als auch die

richtigen Worte in relativ kurzer Zeit zu finden, ist von höchster Bedeutung für einen effektiven OKR-Zyklus. Anders formuliert: Wenn es Ihnen egal ist oder Sie sich nicht mehr daran erinnern oder Sie einfach nicht verstehen, was ihr OKR-Ziel ist, wird der Erfolg für die Zeit, die Sie investieren, nur rein zufällig sein.

OKR ist eine für jedermann zugängliche Methodik und online können Sie jede Menge toller, aber auch nicht so toller Beispiele für OKRs finden. Es wäre arrogant zu behaupten, dass meine Art, wie ich effektive Ziele beschreibe, die einzige mögliche Art ist. WIN WITH OKR hat jedoch bereits viele Menschen dazu motiviert, ihre persönlichen Grenzen zu sprengen und immer wieder fantastische Ergebnisse erzielt, sowohl bei Kunden als auch bei uns intern.

Im vorausgehenden Kapital haben wir besprochen, was ein OKR ist, was es erreichen soll und wie sich OKR-Sets beeinflussen können. Nun ist es an der Zeit, in die nächsttiefere Schicht einzutauchen und wirklich zu lernen, wie man OKRs mit bedeutungsvollen Auswirkungen schreibt.

## **WAS** wird passieren?

### Was macht ein gut gecraftetes OKR so mächtig?

Die Stärke von OKR liegt oftmals in seiner Einfachheit. Als OKR-Coach weiß ich nur zu genau, wie wichtig es ist, zunächst das Was zu beantworten, bevor man sich dem Wie und dem Wann zuwendet.

Die menschliche Psyche ist undurchschaubar. Selbst nachdem wir gerade betrachtet haben, wie ein Mensch den Mond betritt, sind viele von uns davon überzeugt, dass ihre eigene Erdanziehungskraft viel größer ist als die von Neil Armstrong! In anderen Worten: Viele von uns zweifeln daran, dass auch wir persönlich Großes erreichen können.

Wenn Sie Ihre OKRs gut craften, werden die Was- und Warum-Fragen sehr detailliert diskutiert. Dann können Sie auch die Ziele formulieren, die Sie zum Wie bringen.

Dies ist ein völlig anderer Ansatz als die altmodische Zielvereinbarung, die Ihre Innovation mit der Was-wäre-wenn-Frage ausbremst.

### Warum braucht man sowohl ein Objective als auch ein Key Result?

Das Objective ist der Grund, aus dem wir uns mit diesem Thema beschäftigen. Das, wovon wir träumen. Der Zustand, den wir anstreben. Die Key Results hingegen sind messbare Erfolge, die den Traumzustand herbeiführen sollen.

### Sie wollen mir tatsächlich weismachen, dass die Worte, die wir verwenden, einen solchen Einfluss haben?

Nicht die Worte an sich, aber die Mischung aus einem klaren, motivierenden Objective, das von sehr transparenten, messbaren Key Results unterstützt wird, ergibt ein in sich geschlossenes Energiebündel.

So wie Protonen, Neutronen und Elektronen Teile eines Atoms sind, erfüllt jedes Teilchen von OKR einen eigenen, wechselseitigen Zweck innerhalb des Ziel-Ökosystems.

### Woher weiß ich, dass ein OKR erreicht wurde?

Wenn Sie 100 Prozent aller Key Results erreicht haben, sollte auch das Objective wahr geworden sein – nicht mehr, nicht weniger. Gleichzeitig sollte es nicht möglich sein, ein Key Result wegzulassen, ohne dass dies einen nachträglichen Einfluss auf das Objective hat. Machen Sie ruhig mal einen Stresstest mit Ihrem OKR von beiden

**OKRs schaffen einen nachhaltigen Mehrwert – das Erreichen von 100 Prozent der RICHTIGEN Schlüsselergebnisse stabilisiert das gesamte Atom.**

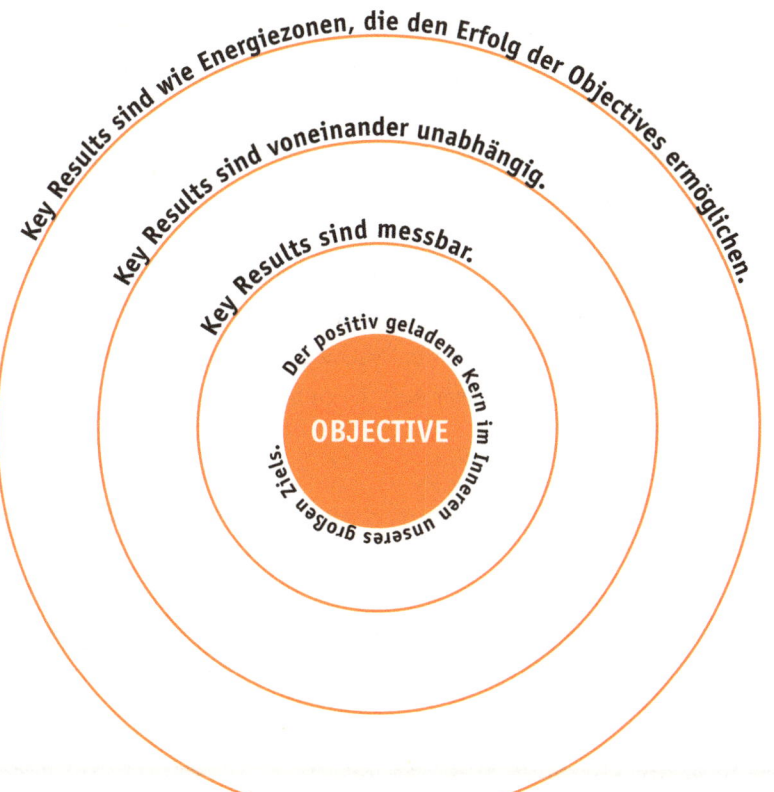

**OBJECTIVE**
- Angestrebte spezifische Verbesserung.
- Der erwartete Mehrwert.
- Beschreibt das Traumergebnis.

Seiten: »Was würde passieren, wenn wir zum Beispiel das KR2 weglassen?«

## Was ist wichtiger – das Objective oder die Key Results?

Ganz eindeutig das Objective. Die Macht von OKR liegt darin, dass wir nicht blind hinter dem Key Result herrennen wie ein Hund hinter dem Stöckchen.

Wir nutzen das Objective, um den Sinn in unserer Arbeit zu erkennen. Die Key Results messen lediglich, wie nahe wir, unserer Meinung nach, unserem Ziel kommen.

Wenn Sie eines Tages bemerken, dass Sie dem falschen KR hinterherlaufen und so Ihrem Objective nicht näherkommen, dann hören Sie auf, dieses KR weiterzuverfolgen.

## Müssen OKRs gleich Moonshots sein?

Moonshot – als würde man auf dem Mond landen. Ein Moonshot ist ein sehr hochgestecktes Ziel, ohne dass man wirklich weiß, wie man es erreichen soll.

Seit ein paar Jahrzehnten werden wir jedoch so erzogen, dass Ziele erreichbar sein müssen.

Das wird in unseren Workshops immer besonders heiß diskutiert, besonders, wenn wir die Teilnehmer auffordern, den Unterschied zwischen einem erreichbaren Ziel und einer Aufgabe zu beschreiben – es gibt einfach keinen!

Moonshots, hochgesteckt, gewagt – egal wie sie es nennen. Um richtig wirkungsvoll für Ihr Unternehmen sein zu können, muss OKR einfach zu einem gewissen Teil unerreichbar sein. Alles andere wäre einfach nur eine To-do-Liste, die als OKR verkleidet ist.

Wir sagen immer, dass OKRs sowohl den Fortschritt als auch die Innovation vorantreiben und ja, manchmal kann ein OKR auch dafür verwendet werden, den Fokus auf ein sehr operatives Thema zu legen, das extrem erfolgskritisch ist.

Ein Projekt, dessen Ziele einfach erreicht werden müssen, wie zum Beispiel:
- eine erfolgreiche Produktvorstellung vor einer der wichtigsten Messen,
- oder in ein neues Gebäude umziehen, bevor der Mietvertrag vom alten ausgelaufen ist.

Gleichzeitig wissen wir alle aus schmerzhaften Erfahrungen: Wenn Sie sich ein realistisches Ziel für ein erfolgskritisches Ereignis setzen, ist es noch keineswegs garantiert, dass Sie das Ziel auch erreichen.

Warum sollten Sie sich keine gewagten Ziele im Zusammenhang mit Ihrer nächsten Produkteinführung setzen?

So werden alle Beteiligten innovativere Wege finden und dadurch sogar noch mehr erreichen, als für diesen Fall nötig gewesen wäre. Somit legen Sie die Messlatte für die Zukunft.

**Und was ist mit Roofshots – hochgesteckt, aber dennoch nicht so weit und herausfordernd wie der Mond?**

Im Internet steht vieles geschrieben über Stretch Goals, also wie hoch ein hochgestecktes Ziel sein sollte.

Arbeitet ein Mensch motivierter an einem bodenständigen Ziel? An einem Ziel in Höhe seines Schreibtischs? Seines Hausdachs? In der Flughöhe eines Flugzeugs? Oder in der Höhe von Neil Armstrong? Die Diskussion darüber im Internet ist genauso irreführend wie nutzlos.

Ich bin genauso beeindruckt von der Errungenschaft von Juri Gagarin mit seiner Wostok 1 wie von der Apollo-Mondexpedition, weil sie zwei große Dinge vereinen:

Erstens wusste niemand beim Festlegen des Ziels, wie es erreicht werden kann, und zweitens haben in beiden Fällen *alle* Beteiligten alles daran gesetzt, es möglich zu machen.

### Was ist dann anders bei OKR?
WIN WITH OKR verschwendet wenig Energie in die Diskussion darüber, wie hoch ein Ziel realistisch sein darf. Stattdessen nutzen wir diese Energie, um die richtigen Ziele zu finden. Dann greifen wir nach einer Traumlösung, die von unerreichbaren Zielen unterstützt wird. Das wiederum fordert unser Gehirn heraus, in neuen Bahnen zu denken. Bevor Sie sich versehen, erreichen Sie viel mehr, als Sie sich zuvor zugetraut haben. In diesem Moment ist es allen völlig egal, ob Sie alle Key Results zu 100 Prozent erreicht haben oder nicht. Diese Ergebnisse sind allenfalls sehr nützlich, um zu verstehen, wie Sie Ihren Durchbruch erreicht haben und was Sie als nächstes anpacken sollten. Im Abschnitt »Wie« finden Sie hierzu noch mehr Details.

### Wie gewagt sollte mein OKR denn sein?
Jeder Mensch tickt ein wenig anders. Außerdem verändert sich das Mindset während der ersten paar OKR-Zyklen. Fragen Sie einfach, was ein richtig supergutes Ergebnis ist. Wir fragen immer: »Von welchem Ergebnis träumen Sie?«

Am Anfang ist es für viele etwas unangenehm, bei der Arbeit über ihre Träume zu sprechen, aber sie stellen schnell fest, dass es ihnen dabei hilft, sich so hoch wie möglich zu strecken.

### Versteh ich Sie richtig? Mit OKR setzen wir uns einen Haufen unerreichbarer Ziele? Dann entscheiden wir uns einfach, sie zu ignorieren und fallen zu lassen?
Es fällt mir immer schwer, ein ernstes Gesicht zu behalten, wenn jemand diese Frage während eines Workshops stellt. Bei OKR geht es darum, einen strukturellen Mehrwert zu schaffen und nicht darum, die persönliche Leistung des Einzelnen zu messen.

Daher: Wenn Ihre OKR-Arbeit also in diesem Quartal nicht den gewünschten Mehrwert liefert, versuchen Sie bloß nicht, dieses Scheitern damit zu kompensieren, dass Sie den Key Results noch mehr hinterherjagen. In diesem Fall ist es Zeit, innezuhalten, nachzudenken und zu entscheiden, ob es noch andere Möglichkeiten gibt, das gewünschte Ergebnis zu erzielen.

Unser Standardbeispiel lautet: Nehmen wir an, Ihr Objective besteht darin, Ihren Marktanteil zu erhöhen und die Key Results darin, die Preise um 20 Prozent zu reduzieren. Schon ziemlich zu Beginn des Zyklus erfahren Sie von Kunden, dass Ihre Produkte sich nicht gut verkaufen, weil die Qualität schlecht ist. Dann sollten Sie schleunigst aufhören, die Preise zu reduzieren. Stecken Sie stattdessen alle Energie in ein besseres Nutzererlebnis (UX).

## Ist jedes Key Result für ein OKR wie ein Meilenstein oder ein Stagegate?

Nein – das ist es definitiv nicht. Ein Meilenstein oder Stagegate ist ein Werkzeug aus dem klassischen Projektmanagement, um Zwischenziele zu setzen – ein wichtiger Bestandteil des non-agilen Projektmanagements. Ein Stagegate ist ein Kontrollmechanismus einer Gruppe, den man auch häufig Lenkungskreis (Steering Committee) nennt. Es überprüft, ob ein Projektmanager und sein Team alle notwendigen Vorgaben erfüllt haben, bevor es die nächste Projektphase in Angriff nimmt. Das könnte zum Beispiel sein: Alle Angebote sind überprüft worden, bevor größere Aufträge an Lieferanten erteilt werden.

Meilensteine ereignen sich einer nach dem anderen. Key Results dagegen sind parallele Ziele, die auch zusammenwirken können, aber deren Erreichen normalerweise nicht aufeinander wartet oder voneinander abhängt.

Für ein gutes KR können Sie zum Beispiel Verträge mit dreißig Verkaufshändlern abschließen, ohne dass diese gleichmäßig über alle Bereiche verteilt sind und umgekehrt, also Verträge mit Verkaufshändlern in dreißig Bereichen abschließen. Sie könnten auch noch weitere für Auftragseingänge relevante KRs verfolgen und dann erreichen, unerheblich, ob diese Verkäufe über Ihr Netzwerk gelaufen sind oder nicht.

## WARUM WIN WITH OKR?

### Warum müssen WIN-WITH-Objectives einen Mehrwert beinhalten?

Sie werden überrascht sein, wie wenige Chief-soundsos wir treffen, die Sodass-Fragen beantworten können. Jahrelang haben sie es perfektioniert, ihre Jahresziele zu erreichen, die sich immer sehr eindrucksvoll anhören, aber nicht wirklich bis zum Ende durchdacht worden sind.

Wir zwingen sie zu einer Sodass-Diskussion. Dadurch heben wir die Strategie auf eine komplett andere Ebene und bewirken, dass Teams unter dem Jahr viel anpassungsfähiger sind.

### Warum sollte ein WIN-WITH-Objective nicht messbar sein?

Ganz einfach – dadurch, dass ein Objective begrenzt ist, begrenzen wir auch seinen Mehrwert, wodurch wir unvorhersehbare Chancen übersehen könnten.

»Den Markt erobern« kann so vieles bedeuten. Während wir dieses Objective anstreben, erlangen wir viele unerwartete Informationen über den Markt und bekommen dabei ein tieferes Verständnis dafür, wie groß das Potenzial unseres Ziels wirklich ist.

**Es demotiviert mich aber sehr, wenn ich meine Ziele nicht hundertprozentig erreiche**
Das kommt daher, weil Sie realistische, erreichbare Ziele stecken und sich nie nach dem Sinn dahinter fragen.

Es ist ironisch, wie viel monatelange Arbeitsleistung weltweit jedes Jahr wird mit der Diskussion darüber verschwendet, was in der Zukunft realistisch geschaffen werden kann. Die meisten Annahmen basieren dabei auf Vermutungen oder schlecht analysierten Daten. Und um dann noch Salz in die Wunde zu streuen, werden die auf diese Weise akribisch ausgehandelten realistischen Ergebnisse oftmals doch nicht erreicht – kein Wunder, dass alle enttäuscht sind.

**Bewirkt das Verbot von messbaren Objectives nicht, dass Leute dazu ermuntert werden, selbstgefällig zu sein und ihre mittelmäßigen Ergebnisse schönzureden?**
Im ersten OKR-Zyklus kann es in Einzelfällen tatsächlich dazu kommen. Oftmals können wir aber interessanterweise genau das Gegenteil beobachten: Die meisten bewerten ihre Leistung schlechter, als sie in Wahrheit ist.

Mit der Zeit schützen gut gecraftete Key Results jedoch davor: Ihr Team wird in den ersten paar OKR-Zyklen eine immer ergebnisorientiertere Kultur entwickeln. Nichtmessbare Objectives unterstützen außerdem das Gegenteil von Mittelmäßigkeit: Allein das Erreichen der (ehemals) unerreichbaren Key Results ist nicht mehr genug. Die Leute werden danach streben, noch bessere Ergebnisse zu erlangen, weil jeder Zyklus ein tieferes Verständnis für das wirkliche Potenzial der Firma ermöglicht.

### Das glaub ich Ihnen nicht!

Da sind Sie nicht der Erste. Lassen Sie uns zwei Objectives miteinander vergleichen:

»Eine tolle Party mit dreihundert meiner engsten Freunde« im Vergleich zu »Eine legendäre Party, die in die Geschichte eingeht und die Leute noch Jahre später zum Lächeln bringt«.

Auf welche Party wollen Sie gehen? Kommt es echt darauf an, wie viele Gäste da sind, wie spät es war, als der letzte Gast ins Bett gegangen ist, wie viel gegessen oder getrunken wurde? All diese messbaren Dinge stellen tolle Key Results dar, aber Sie wollen eine legendäre Party, keine messbare, oder?

## WIE craften wir WIN WITH OKRs?

### Sind Objectives und Key Results beide als Ziele formuliert?

Ja, aber als unterschiedliche Arten von Zielen. Ein Objective wird mit bildhaften, emotionalen Worten formuliert. Ein Key Result wird dagegen viel weniger gewagt sein und stets ein messbares Ergebnis haben.

### Was ist der Unterschied zwischen einem OKR und einem WIN WITH OKR?

WIN-WITH-Objectives und WIN-WITH-Key-Results müssen einige Extrakriterien erfüllen. Das bedeutet nicht, dass das eigentliche Ziel, das sie anstreben, ein anderes ist. Durch unseren WIN-WITH-OKR-Ansatz wird das Formulieren von effektiven Zielen auf ein neues Level gehoben.

## WIN-WITH-Objective Kriterien:

- Wir fangen damit an, Sie zu fragen, wovon Sie träumen;
- WIN-WITH-Objectives beschreiben einen gewünschten Zustand, als ob Sie diesen bereits erreicht hätten (der Traum ist in Erfüllung gegangen);
- Sie werden so formuliert, dass Sie inspiriert und motiviert sind, an diesen Themen zu arbeiten;
- Sie beinhalten auch die Sodass-Frage ihres Objectives, um den Mehrwert, den es erbringt – sowohl heute als auch nach zwölf Wochen, wenn Sie Ihr Ergebnis bewerten (Grading) – zu verdeutlichen;
- Zum Schluss: WIN-WITH-Objectives werden niemals messbar sein, aber den Erfolg werden Sie ganz bestimmt als Bauchgefühl spüren.

**BEISPIEL**

**Ein typisches Objective könnte so aussehen**
»Sowohl den Fahrer- als auch den Team-Titel in der Formel-1-Weltmeisterschaft gewonnen!«

Zur Veranschaulichung wäre das WIN-WITH-Objective: »Legendäre Gewinner der Formel-1-Weltmeisterschaft Fahrer- und Team-Titel, sodass die Leute noch Jahre später davon sprechen«.

Ein anderes Beispiel für ein WIN-WITH-Objective könnte sein: »Unsere Wettbewerber sind völlig geschockt aufgewacht, als sie bemerkt haben, dass wir am schnellsten am Markt waren, sodass sie feststellen, dass ihre eigene Strategie komplett wertlos ist.«

**Ein WIN-WITH-Key-Result muss folgende Kriterien erfüllen:**
- Sie sind kurz, kommen auf den Punkt und sind leicht zu merken,
- WIN-WITH-Key-Results sind spezifisch und leicht zu messen,
- Sie haben eine direkte Auswirkung auf den Erfolg des Objectives,
- WIN-WITH-Key-Results können schrittweise im Laufe des Zyklus erreicht werden und sind nicht binär, sprich keine Ja-/Nein-Ziele,
- Sie sind nicht voneinander abhängig, sprich sie können unabhängig voneinander erfüllt werden (sie warten nicht aufeinander wie Projekt-Meilensteine).

Zur Veranschaulichung wäre das WIN-WITH-Result:

*»Mindestens 15 Punkte mehr pro Rennen auf dem Konto.«*

Oder *»Einen Podiumsplatz bei jedem Rennen erreicht!«* (Sprich Platz 1, 2 oder 3)

Oder *»Halbierung der Boxenstopp-Zeit in allen Rennen.«*

**Wie können WIN-WITH-Key-Results Innovation vorantreiben?**

Hierzu vergleichen wir zwei Beispiele:

»Unterschriften von 500 neuen Kunden in unserem neuen Markt sammeln.« Oder noch kürzer: »500 Kunden in unserem neuen Markt«.

Während sich beide KRs auf unseren Vorstoß im neuen Markt beziehen, was durch das Objective definiert worden ist, definiert das erste Beispiel, dass wir diese Kunden durch einen bestimmten Prozess gewinnen sollen. Es definiert ebenfalls, dass es *neue* Kunden sein müssen.

Die zweite Version beschreibt das Ergebnis, ohne vorzugeben, wie diese neuen Kunden erzielt werden sollen. Es beschreibt lediglich, dass wir sie haben sollen. Das nennen wir eine ergebnisorientierte Kultur. Der Unterschied sieht im Moment vielleicht minimal aus, aber das Key Result vom zweiten Beispiel ist viel motivierender und führt zu viel innovativeren Lösungen, als der Old-School-Ansatz.

Je nachdem, ob Ihr Fokus auf Delivery or Discovery liegt, werden Sie den Lösungsansatz mehr oder weniger in Ihrem Key Result bestimmen.

**Aber birgt das nicht die Gefahr sehr allgemeiner Key Results, die nicht wirklich etwas aussagen?**

Hier kommt der Stresstest, den ich im letzten Kapitel erwähnt habe. Wir müssen uns fragen, ob das Objective erreicht werden kann, wenn alle vier Key Results erfüllt sind.

Sie treffen Schlüsselentscheidungen in diesem Prozess, wie zum Beispiel, ob der gesamte Umsatz wichtiger ist (weil Ihr Objective sich auf den Marktanteil bezieht) oder die Prozent-Umsetzungsrate (weil Ihr Objective sich auf die Verkaufsleistung und -skills Ihres Teams bezieht).

**Wie lange sollten ein Objective und ein Key Result sein?**

Es ist empfehlenswert (und glauben Sie mir, wir haben verschiedenste Ansätze ausprobiert), dass Sie Ihre Objectives ziemlich kurzhalten – ein Satz mit maximal drei Nebensätzen, das reicht. Wenn Sie einen langen Absatz geschrieben haben, schlafen Sie einmal darüber. Dann unterstreichen Sie die wichtigsten Dinge und Sie werden die Essenz Ihres Objectives vor sich haben.

Key Results sind noch kürzer und knackiger. Details machen lediglich die Messbarkeit verständlich. Vergewissern Sie sich, dass Sie genau bestimmen, was Sie messen wollen und dass das Key Result schrittweise während des Zyklus erreicht wird. Wenn möglich keine Ja-/Nein-Ergebnisse.

**Unsere Key Results klingen zu sehr nach Tasks. Was können wir machen?**

Das ist ein sehr verbreitetes Problem. Es führt zu dem, was wir »teuren To-do-Listen-OKR-Zyklus« nennen. Diese KRs geben genau an, was jeder Einzelne während des Zyklus zu tun hat – das ist nicht OKR. Es ist ein Problem, dass Sie aus der alten Welt mitgebracht haben, als Sie noch dazu angehalten waren, über das Wie zu entscheiden, bevor Sie das Was definiert hatten. Dieser Schritt kann nicht vermieden werden, wenn Sie realistische Ziele setzen. »Was können wir erreichen/machen …? Wie könnten wir das realistisch erreichen?«

Schauen Sie sich die Verben in Ihren WIN-WITH-Key-Results genau an und versuchen Sie, es ohne Verben zu formulieren. Ganz ohne wird es nicht immer gehen. Dann formulieren Sie sie in der Vergangenheitsform, als ob Sie es schon erreicht hätten.

KRs wie »Finde hundert Kunden« tötet schon jeden Innovationsgedanken vorab, weil es jegliche innovative Ideenfindung, die sich mit dem »Warum würden Kunden uns nicht finden?« auseinandersetzt, verhindert. Ersetzen Sie die Verben lieber durch Begriffe oder Hilfsverben, die das Endergebnis beschreiben, wie »wir haben«, »wir besitzen«, »unsere Kunden sind«.

KRs wie »Wir haben uns jede Woche getroffen und ein Teammeeting gehalten« sind auch eine sehr klassische Formulierung eines Task Results. In diesem Fall müssen Sie überlegen, warum Sie sich treffen möchten. Was ist der Mehrwert und wie kann er gemessen werden? Das Key Result von einem regelmäßigen Treffen könnte folgendermaßen aussehen: »Jeder kann die Key Accounts der anderen Teammitglieder betreuen, wenn sie im Urlaub sind.« Oder ganz einfach: »Ein Best-Practice pro Woche eingeführt«.

**Ich finde es sehr schwierig, messbare Key Results zu formulieren – können Sie mir helfen?**
Die berühmte Aussage »Wenn es keine Zahl hat, ist es kein Key Result« (»A key result is not a key result unless it has a number«) stammt von Marissa Mayer, ehemalige Topmanagerin von Google (was alle Fragen beantworten sollte, warum John Doerr sein OKR-Buch »Measure What Matters« genannt hat).

Nachdem Sie alle Verben überprüft haben, kann es sein, dass Sie feststellen, dass Sie nicht wissen, wie Sie Ihr gewünschtes Ergebnis messen sollen.

Das ist völlig normal am Anfang. Sie müssen in Ihrem ersten Zyklus einfach eine Annahme treffen, wie es gemessen werden könnte. Eine Schätzung, was gemessen werden soll, ist ein wesentlich besserer Kompromiss, als es gar nicht zu messen.

Wenn Sie zum Beispiel Kundenzufriedenheit nie gemessen haben, könnten Sie beim ersten Mal die Anzahl der Nachbestellungen messen. Während Sie diese Analyse führen, könnte es sein, dass Sie durch diese Arbeit feststellen, dass der Zeitabstand zwischen zwei Bestellungen eine bessere Messgröße darstellt.

### Wir müssen uns erst mal Gedanken machen, bevor wir Ziele aufschreiben können

Vergessen Sie nicht: Der Sinn und Zweck eines Key Results ist, dass das Objective in Erfüllung geht. Jedes einzelne KR muss also relevant sein und das Objective unterstützen. Zusammen mit den anderen KRs muss es ausreichen, das Objective wahr werden zu lassen.

## WANN setze ich welche OKRs?

### Dauert das ganze Messen nicht viel zu lange?

»Ich bin lieber ungefähr richtig als genau falsch.« Diesen Satz habe ich vor zwanzig Jahren in einem Management-Workshop in St. Gallen gelernt und er ist mir im Gedächtnis geblieben – vielen Dank SGMI. ☺

Sammeln Sie so schnell und mit so wenig Aufwand wie möglich verlässliche Fakten, die die richtigen Details bieten. Manchmal muss man ganz tief bohren und braucht eine große Datenanalyse. Aber manchmal reichen Trendzahlen, um eine Theorie zu beweisen.

Ich habe lieber ein KR, das täglich gut gemessen werden kann, als eines, für das ich mich jeden Freitag zwei Stunden hinsetzen muss. Also bedenken Sie einfach: Sie müssen kein neues KPI-System für die nächsten zehn Jahre erfinden. Sie wollen ein einmaliges Ziel erreichen!

### Und wer soll das alles messen?

Sie! Es ist wirklich sehr wichtig, dass Sie Ihre eigenen KRs selbst analysieren und nachverfolgen, weil genau hier das Lernen und Finden von neuen Lösungen beginnt.

### Was ist, wenn wir gerade gar nicht innovativ sein möchten?

Wir sprechen immer über zwei Arten von OKR: Discovery-und-Delivery-OKRs – Entdecken und Liefern – und das ist das Tolle an Dreamy Goals (Traumzielen): Manchmal träumt man davon, ein uraltes Puzzle zu lösen, das schon jahrelang den eigenen Erfolg geschmälert hat. Ein anderes Mal besteht der Traum lediglich darin, einfach nur die eigene Arbeit pünktlich zu erledigen.

**DEFINITION**

**Delivery-OKR:** Manchmal ist unsere Hauptpriorität, eine herausragende Arbeit zu erbringen und ein richtig gutes Ergebnis zu erzielen bezüglich einer Tätigkeit, die wir schon sehr oft gemacht haben: Zum Beispiel ein neues Produkt einführen. Wir ermutigen unsere Kunden, sich immer noch höhere Ziele zu setzen, aber wie sie sie erreichen, wird klarer beim Loslegen.

**Discovery-OKR:** Wie ein Moonshot beziehen sich Discovery-OKRs auf völlig neue Ideen. Sie wissen nicht wirklich, wo Sie anfangen sollen, dadurch liegt ein größerer Fokus auf Innovation.

### Kann man mehr oder weniger innovative OKRs in einem Zyklus und einem OKR-Set setzen?

Hier verweise ich wieder auf die erste OKR-GiGo-Regel: Es kommt einfach nur auf Ihre Prioritäten an. Vielleicht ist es besser für Sie, wenn jeder Mitarbeiter sich darauf konzentriert, dass die neue Produkteinführung ein großer Erfolg ist. Aber das bedeutet nicht im Umkehrschluss, dass Innovation in diesem Quartal vom Tisch ist.

Das Entwicklungsteam hat wahrscheinlich ein paar sehr harte KRs, denn es muss sein Ziel erfüllen. Das Marketing-Team steht vielleicht unter Druck, gute Beurteilungen in der Presse zu bekommen. Gleichzeitig könnten aber auch beide Teams zusammen an einer innovativen Social-Media-Kampagne arbeiten, um Aufmerksamkeit für ein Produkt zu bekommen, die es so zuvor noch nie gab.

### Wie können wir also die richtige Menge an Innovation im Zyklus sicherstellen?

Stellen Sie sich vor: Sie haben einen Hebel vor sich, der Ihren Erfolg zwischen Fortschritt ganz links und Innovation ganz rechts verteilt.

Im Moment haben Sie keine dringenden Probleme auf Ihrer Agenda, also können Sie den Hebel mehr nach rechts schieben, um mehr Zeit in neue Ideen oder kniffelige Aufgaben zu stecken.

Liegt Ihre Priorität darin, die Arbeit zu erledigen, weil Scheitern gravierende Auswirkungen auf Ihr Geschäft haben würde, dann schieben Sie den Hebel etwas mehr nach links.

### Also wenn der Hebel etwas mehr nach links geht, dann müssen wir realistischere Key Results setzen?

Nein – ein Kunde hat zum Beispiel kürzlich ein KR mit 95 Prozent Liefereffizienz (Teile pünktlich verschiffen) festgelegt. Ich fragte ihn, warum nicht 100 Prozent – und seine Antwort war, dass es unrealistisch sei, 100 Prozent zu erreichen. Daraufhin forderte ich ihn heraus, mir die Rechnung zu zeigen, die besagt, dass 5 Prozent weniger realistisch seien und wir hatten uns bald geeinigt, doch nach den Sternen von 100 Prozent zu greifen.

### Es muss aber doch einen Unterschied zwischen Delivery- und Discovery-OKRs geben?

Ich denke, der Hauptunterschied liegt in der Breite des Spektrums. Bei einem neuen Thema wissen Sie wahrscheinlich nicht, welches Key Result das richtige ist. Bei Delivery-OKRs dagegen haben Sie schon ein gutes Gefühl für die Erfolgsfaktoren, Sie wissen vielleicht nur nicht genau, wie Sie sie erfüllen können.

## WER ist für welches OKR verantwortlich?

### Was ist der Unterschied zwischen Company-, Divisional- (Sparte-), Departmental-, Team-, Tribal- (Kleinegruppen-) und Indivdual-OKRs?

Es gibt grundsätzlich drei verschiedene Arten von OKRs, die alle gleich aussehen, gleich gecraftet werden, aber verschiedene Zwecke erfüllen:

Erstens: Company-OKRs geben entweder die grobe Richtung des Unternehmens vor oder sind außerordentliche Projekte, die einen wesentlichen Beitrag zum weiteren Geschäftserfolg leisten. Sie konzentrieren sich vielleicht auf die Markteinführung eines neuen Produkts oder darauf, den größten Konkurrenten mit einer neuen Geschäftsidee zu schlagen. Oder sie stellen die Vorbereitung für einen großen nächsten Entwicklungsschritt des Unternehmens dar. Sie werden meistens von der Geschäftsleitung festgelegt. Manchmal werden auch Indivdual- oder Team-OKRs zu Company-OKRs erhoben, wenn sie auch wirklich relevant sind. Damit wird abgesichert, dass jeder Mitarbeiter die nötige Unterstützung erbringt, diese Ziele zu verwirklichen. In sehr großen Organisationen legt die Bereichsebene diese Art von Company-OKRs fest.

Zweitens: Dagegen helfen Indivdual- oder Tribal-OKRs jedem Einzelnen, sich auf seine persönlichen Prioritäten zu konzentrieren und innovative Ergebnisse zu erzielen. Sie helfen außerdem, zu vermeiden, dass Sie von den dringenden Aufgaben Ihrer Inbox abgelenkt werden.

Drittens: Dazwischen gibt es noch Departmental-, Divisional- und Team-OKRs, die den Beitrag der Abteilung transparent machen und eine Brücke zwischen den Prioritäten der Firma und des einzelnen Mitarbeiters darstellen.

### Sollen alle drei dieselbe Zyklus-Cadence haben?

Sie können jährliche Company-OKRs und vierteljährliche Indivdual-OKRs festlegen und eine Mischung aus beiden für die Team-OKRs. Aber noch einmal: Es gibt keine festgelegten Regeln. Es geht darum, das zu tun, was dem Unternehmen am meisten hilft.

### Sollte man Indivdual- oder Tribal-OKRs haben?

Der aktuelle Trend geht dahin, Indivdual-OKRs zu vermeiden, weil dies den gesamten Prozess schwieriger gestaltet. Unserer Erfahrung nach spielen Indivdual-OKRs jedoch eine riesige Rolle für Ihre persönliche Entwicklungsphase – um ein Mindset zu entwickeln, das auf Outcome und Lernen basiert. Daher empfehle ich Ihnen auf jeden Fall, am Anfang auch Indivdual-OKRs zu setzen.

### Soll man sie persönliche oder Indivdual-OKRs nennen?

Wir nennen Sie Indivdual-OKRs, da OKRs niemals persönliche Leistung beurteilen sollen. Menschen arbeiten an Geschäftsthemen und persönliche Entwicklungen stehen auf einem anderen Blatt.

### Sind Sie also gegen Tribal- beziehungsweise Kleingruppen-OKRs?

Ganz und gar nicht. Das Arbeiten mit Tribal-OKRs zerstört die alten Silo-Strukturen. Sie geben Nährboden für bereichsübergreifende Zusammenarbeit, was wiederum Innovation vorantreibt und Hindernisse entfernt. Es ist, als würden Sie Ihre Firma jedes Quartal umstrukturieren. Das lohnt sich ungemein und ist extrem mächtig.

**Kapitel 5**

# Alignment – Doppelarbeit vermeiden, Teamarbeit sichern

Unser Job als WIN-WITH-OKR-Berater ist es oftmals, alte Strukturen zu zerstören, die uns in den letzten Jahrzehnten ins Gehirn gemeißelt worden sind. Sie wurden uns als bewährte Praktiken verkauft und sind nun oftmals das Haupthindernis, das im traditionellen MbO-Umfeld im Weg steht.

Der Klarheit und Einfachheit halber werde ich Ausdrücke wie Vorstandszimmer, C-Level, Top-Down oder obere Managementebene in diesem Kapitel verwenden, weil sie für viele Firmen relevant sind, die sich gerade auf den Weg zu einem OKR-Mindset begeben. Aber wie ich unten erkläre, benötigt OKR-Alignment einen völlig anderen Ansatz für die Kapazitätsplanung und eine ganz andere Art und Weise des Umgangs, als dass ein Chef der alten Schule seine Untergebenen einfach anweist, dies und das zu erledigen.

Ich werde immer schon etwas misstrauisch, wenn MDs damit angeben, wie flach ihre Managementstrukturen sind. In neun von zehn Fällen haben sie selbst einen sehr schwergewichtigen C-Levelizer über sich, der selbst der direkten Führungsebene misstraut. Meist nutzt er deswegen seine durch die Hierarchie bestehende Macht aus, die ihm die Hierarchie zulässt, sich in all die operativen Dinge einzumischen.

In einer OKR-Welt müssen wir lernen, diese Struktur zunächst auf den Kopf zu stellen und den Purpose mit starken Wurzeln im Boden zu verankern, damit die Organisationsstruktur sich organisch zur bestmöglichen Form entwickeln kann. So ist sie in der Lage, ihre anstehende Arbeit zu erledigen, während unten die starken Führungskräfte die Verantwortung für den Unternehmenserfolg tragen.

Ein treffendes Beispiel, wie wir bisher unsere Prioritäten abgestimmt haben, ist folgendes: Ziele und Prioritäten werden so lange optimiert und manipuliert, bis sie in die starre operative Hierarchie passen, was unweigerlich die eigentliche Absicht jedes Ziels komplett beeinträchtigt oder diesem sogar entgegenwirkt.

Um von OKR zu profitieren, müssen wir lernen, Zielabstimmungen als fließende Struktur anzusehen und nicht als klassisches Wasserfallprinzip von oben herab.

Es gibt einige Gemeinsamkeiten zwischen alter und neuer Art, Ziele abzustimmen: Zum Beispiel ist es notwendig (alt), dass die Führungsebene die generelle Richtung vorgeben muss, damit das Unternehmen nicht komplett in verschiedene Richtungen auseinanderdriftet. Es gibt aber auch ein paar riesige Unterschiede, weil der Erfolg von adaptiven Unternehmen sehr stark mit dezentralisierter Entscheidungsfindung zusammenhängt.

Bei WIN WITH OKR ermutigen wir Teams, sich Einflussgebiete mit Epizentrum vorzustellen, so als wäre ihr OKR der Stein, der die Wasseroberfläche trifft und das Alignment das Überlappen der kleinen ringförmigen Wellen. Wir müssen sicherstellen, dass die Wellen sich gegenseitig unterstützen und verstärken. Sie sollten definitiv nicht den Wert, der von den OKRs erzeugt wird, gegenseitig aufheben.

Wie aus den Crafting-Kapiteln bekannt, hat jedes Team/jedes Individuum seine eigene Agenda mit seinen eigenen wichtigen Themen, die es angehen will/muss. Wenn sie über die Hauptprioritäten der Firma Bescheid wissen und durch die Ringwellen auch über die der benachbarten Teams, kann sich jeder entscheiden, wo er seine Ressources am besten einsetzt, um die Top-5-Prioritäten der Firma zu unterstützen, ohne dabei die teameigenen Chancen zu vernachlässigen.

Natürlich verlangt die Realität immer, auch Kompromisse einzugehen. Aber die eigenen Prioritäten sollten nicht immer von den Befehlen der oberen Ebene überlagert oder zur Seite geschoben werden.

## WAS versteht man unter Alignment?

### Hilft Alignment unserem Team?
Es geht beim Alignment hauptsächlich darum, Teamarbeit zu fördern, während man gleichzeitig Doppelarbeit vermeidet. Mit anderen Worten: OKR bedeutet, dass jeder sich auf ein paar wenige wichtige Dinge konzentriert, sich alle in dieselbe Richtung bewegen und gegenseitig unterstützen.

### Was ist der Unterschied zwischen Crafting und Alignment?
Wenn Sie Ihre fünf OKRs craften, schärfen Sie Ihren Blick dafür, was für Sie wichtig ist. Alignment dagegen stellt sicher, dass Ihre Prioritäten auch die Firmenziele und die Ihrer Kollegen oder anderer Teams unterstützen.

### Wir haben so viel Zeit mit dem Craften unserer OKRs verbracht. Wäre es nicht schlauer, Alignment zu überspringen und lieber anzufangen, an unseren OKRs zu arbeiten?
Mit etwas Übung wird sich das Alignment mit dem Crafting-Prozess und dem All-Hands-Event verflechten. Sie benötigen schon eine Art Alignment-Sign-Off, auch wenn es sich nur um ein Kopfnicken handelt. Die meiste Arbeit, um die es in diesem Kapitel geht, wird jedoch bereits vorab beim Craften oder während des All-Hands-Events erledigt.

**Beginnen Sie mit OKR in Ihrem eigenen Einflussbereich und weiten die Wertschöpfung Ihrer Objectives nach und nach weiter aus bis hin zu den Company-Objectives.**

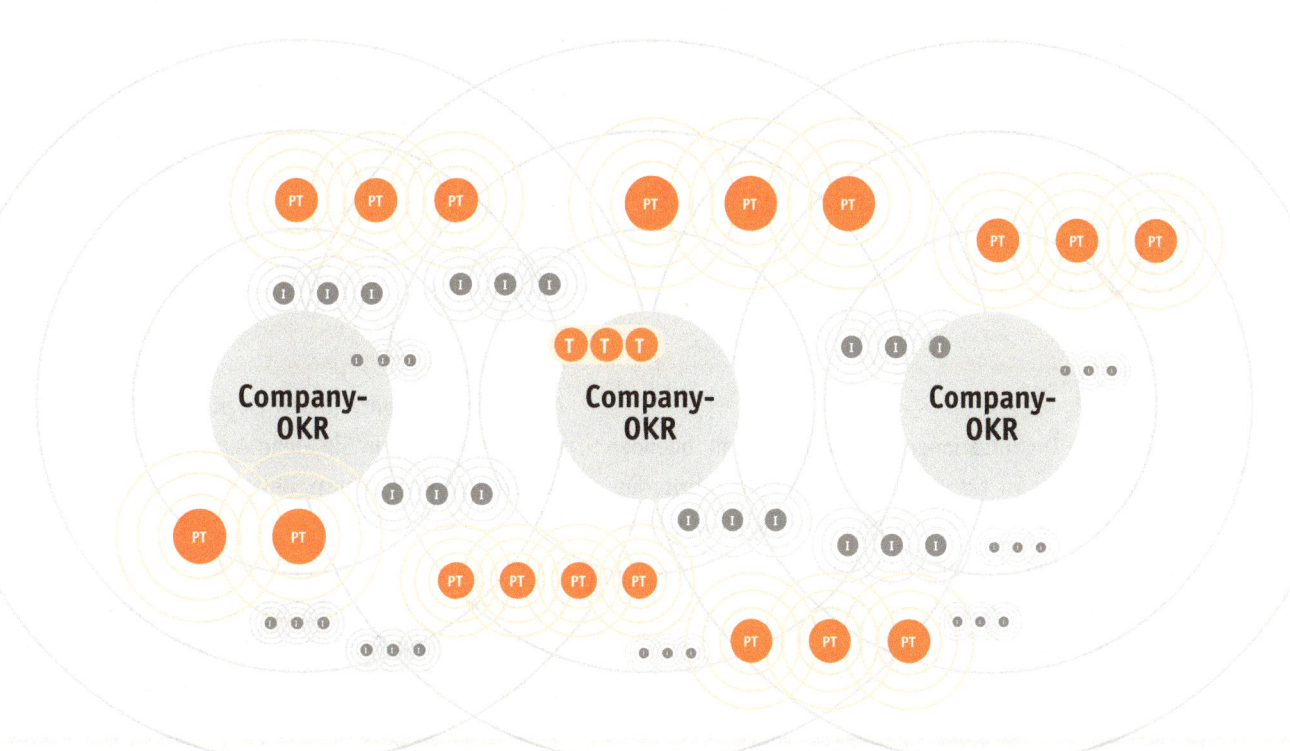

**Warum haben Sie dann ein ganzes Kapitel über Alignment geschrieben?**

Alignment ist im ersten OKR-Zyklus für viele eine große Herausforderung und Quelle für Frustrationen. Beim WIN-WITH-OKR-Ansatz schaffen wir die Veränderung in einfachen, mundgerecht aufgeteilten Schritten. Es ist einfacher, Alignment separat zu erklären und zu lernen.

## WARUM ist Alignment wichtig?

**Woher wissen wir, dass unser Alignment-Prozess erfolgreich war?**

Erfolgreiche Organisationen fangen weniger an, beenden aber mehr. Das ist für viele Manager die am schwierigsten zu schluckende Pille auf ihrem Weg zur Transformation. Wenn man anfängt, an vielen Prioritäten gleichzeitig zu arbeiten, wird man fast immer weniger Ergebnisse mit schlechterem Nutzen erzielen.

Es geht darum, Ressourcen schlau zu verteilen, um die paar wenigen wichtigen Dinge zu erledigen, die jedoch einen erheblichen, messbaren Einfluss haben werden.

Jeder sollte aus dem Alignment-Prozess mit dem Gefühl herausgehen, dass die eigene Kapazität voll und ganz auf die eigenen OKR-Initiativen fokussiert sein kann – mit der Überzeugung, dass diese Aktivität die Firma vorantreibt.

**Aber das ist doch genau das, was Command and Control macht, und das geht viel schneller und leichter als OKR-Alignment?**

Anordnen und Kontrollieren ist eine exzellente Managementstruktur, wenn Sie einen Ausflug mit Ihrem Kindergarten machen möchten, ohne ein Kind zu verlieren.

Wie aber viele von uns aus Erfahrung wissen: Kreativ sein und seine eigenen echten Fähigkeiten entdecken ist im Spielzimmer kein Problem. Während man die Straße überquert, sollte jedoch keiner auf dumme Ideen kommen.

Das Problem ist, dass dieses Führungsmodell irgendwann auch am Arbeitsplatz eingeführt wurde. Und es erfüllt so ziemlich das Gleiche: Niemand hat mehr dumme Ideen und niemand probiert etwas Neues mehr aus.

### Lohnt sich die Mühe, den Managementstil zu ändern?

OKR holt das Thema Strategie aus dem Vorstandszimmer und gibt es den Mitarbeitern. Hierdurch wird die gesamte Organisation aufgefordert, strategisch zu denken. Das führt dazu, dass die Arbeit jedes Einzelnen einen größeren Einfluss einnimmt und den Fortschritt schlussendlich beschleunigt.

Lassen Sie mich kurz von OKR abschweifen und Ihren Blick auf eine andere große industrielle Revolution, Lean Manufacturing, lenken. Dabei haben wir in den Fünfzigern, Sechzigern und Siebzigern gelernt, dass dezentrale Verbesserungsschleifen in kleinen Teams viel effektiver sind als ein festes Vorschlagswesen der Führungsebene im HQ.

OKR-Berater schauen oftmals von oben herab auf die Lean-Prinzipien, aber in Wahrheit bringt das Alignment ähnliche Vorteile für die Zusammenarbeit wie Lean-Verbesserungsteams. Nur geht diesmal es nicht um Prozessexzellenz, sondern um strategische Vorsprünge und Innovation.

## WIE funktioniert Alignment?

### Wie sollen wir konkret mit dem Alignment beginnen?

Alignment spielt in jeder Crafting-Session eine große Rolle und ist ein iterativer Prozess. Während die Teams ihre eigenen Prioritäten besprechen, diskutiert die Führungsebene die Hauptthemen, die auf der Agenda der Organisation stehen. So wie Sonarwellen wieder zu ihrer Ausgangsquelle reflektiert werden, so muss auch diese Information ausgesendet, noch mal diskutiert und die Änderungen dann wieder zurückkommuniziert werden.

Im vorangegangenen Kapitel habe ich den Crafting-Prozess beschrieben. Dabei wurden die Crafting-Ideen auf Klebezetteln festgehalten, Prioritäten automatisch angepasst und einige Ideen sogar unbewusst vom Tisch gefegt, nur weil andere einen größeren Mehrwert hatten oder dringender waren.

Das Gleiche geschieht, wenn eine Führungsgruppe in einem Raum zusammentrifft, um die Company-OKRs oder ihre eigenen Department-OKRs zu craften. Es sei denn, es ist ihr absolut erster OKR-Zyklus. Dann sollte jede Führungskraft üblicherweise eine Liste an Prioritäten vorbereiten. Sie könnten sogar schon mit gecrafteten OKRs, die sie mit ihrem Team vorab, noch bevor das abteilungsübergreifende Alignment im Führungskräfte-Meeting stattfindet, besprochen haben, ankommen.

Danach muss sichergestellt werden, dass diese Führungskräfte die Prioritäten ihres eigenen Teams und die der Führungskräfte in beide Richtungen kommunizieren.

Es hört sich viel komplizierter an, als es ist. Wenn Sie mit ein paar Pilotteams beginnen, können Sie diesen Prozess schon einmal üben, bevor er ausgeweitet wird.

Wenn man die beiden folgenden Grafiken miteinander vergleicht, können Sie erkennen, wie wir den Teams während ihrer ersten OKR-Schritte den Alignment-Prozess beibringen und erklären. Wir erklären, dass die Schlüsselthemen und die strategische Firmenausrichtung von oben kommen müssen, zum Beispiel von der Geschäftsleitung. Wenn Sie der wunderschönen Sinuswelle folgen, sehen Sie, wie das Feedback und die Ideen von unten wieder zurück zur Geschäftsleitung kommen – das könnten zum Beispiel die Mitarbeiter sein, die die eigentliche Arbeit im Fertigungsbereich erledigen. Dabei muss das mittlere Management den richtigen Kompromiss zwischen den beiden finden, bevor die Oberen die schlussendliche Entscheidung treffen und das neue OKR-Set abzeichnen.

### Alignment in der Theorie

Führungskräfte kündigen OKRs des Unternehmens an und senden Sonarwellen an die Mitarbeiter, die wiederum ihr Feedback dazu geben. Die Führungskräfte kommunizieren Top-Down und finden ein Gleichgewicht zwischen Top-Down und Bottom-Up von 40 Prozent zu 60 Prozent.

### Alignment in der Praxis

Nach Ihren ersten OKR-Zyklen werden Sie feststellen, dass Grading, Crafting, All-Hands und Alignment zu einem Gemisch kollidierender Ideen und gemeinsamer Inspiration verschmelzen, die von allen Seiten vorangetrieben, aber von oben dann letztendlich *nur* entschieden werden.

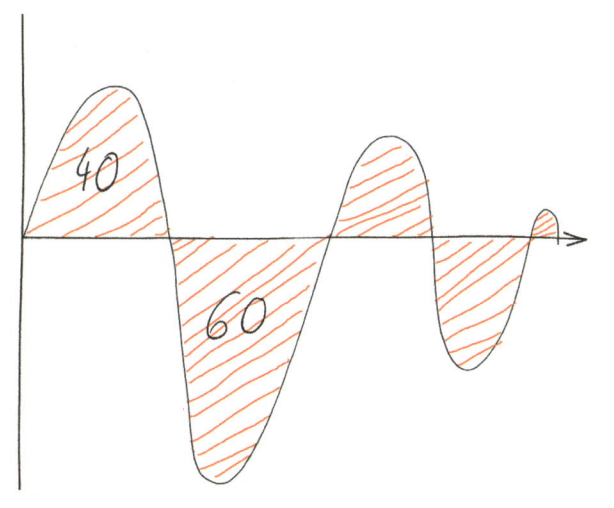

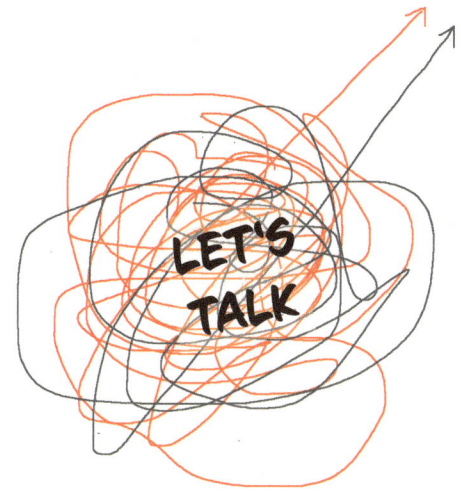

Das zweite Bild ist nicht ganz so hübsch, aber es beschreibt den Prozess viel exakter, dem ein OKR-Practitioner folgen wird. Die Crafting- und Alignment-Season wird circa zwei bis drei Wochen dauern und die gesamte Organisation wird gleichzeitig sprechen und darüber diskutieren, was bisher am besten funktioniert hat, damit ein gemeinschaftliches Ergebnis von denjenigen abgezeichnet werden kann, die schlussendlich die Verantwortung für den langfristigen Erfolg der Organisation tragen. Es sieht vielleicht etwas unordentlich aus, aber mit etwas Übung werden sie feststellen, dass dieser Ansatz zu viel besseren Zielen führt.

### Wie können wir entscheiden, was zu Company-OKRs werden und was auf Teamebene bleiben soll?

Wenn ein Thema eine erhebliche Relevanz für die meisten Abteilungen aufweist, einen großen Einfluss auf die Leistung hat und einen gewissen Grad an Dringlichkeit erfordert, dann handelt es sich um eine Company-Priorität und Sie dürfen es gern zum Company-OKR erhöhen.

Meistens stammen diese Themen aus dem Vorstandszimmer. Es ist also nur eine Frage danach, worauf die Prioritäten gelegt werden.

Es könnte aber auch sein, dass jemand eine fantastische Idee hat, an deren hohes Nutzungspotenzial auch die Führungsebene glaubt. Dann sollte diese Idee auch auf die Agenda der Company-OKRs gehoben werden, damit sie von allen Bereichen der Organisation die nötige Unterstützung bekommen kann.

### Aber unsere Firma besteht aus zehntausenden Mitarbeitern – wie soll das funktionieren?

Wenn Sie eine sehr große Organisation wie Google oder sogar größer führen, wird sich ein gewisser Grad an Top-Down-Management-Anweisungen nicht vermeiden lassen.

Sie können die gleichen Prinzipien auf der Ebene von Sparten wiederholen, indem Sie sich die OKR-Ideen der

Teams anhören und diese dann zu Sparten-OKRs befördern.

Ganz gleich, wie groß Ihre Organisation ist: Es lohnt sich in jedem Fall, in effektive Kommunikationswerkzeuge zu investieren. Und in OKR-Champions, die genügend Zeit und Mittel haben, dies zu verwirklichen.

**Wie verbinden wir unsere OKRs mit der Vision, Mission und Critical Success Factors unserer Firma?**
Mir ist es bewusst, dass sich mein Rat hier von dem mancher meiner Marktbegleiter unterscheidet, aber meine Empfehlung ist, dass Sie diese strategischen Begriffe des letzten Jahrhunderts endlich in den Ruhestand schicken. Die Welt und damit Ihr Markt verändert sich so viel schneller als vor zwanzig Jahren, dass die Strategielehre der Vergangenheit sich nicht mehr auf eine langfristige Planung verlassen kann.

Vor über zwanzig Jahren habe ich ihren damals durchaus berechtigten Sinn und Zweck geschult, aber die Welt hat sich inzwischen weiterentwickelt.

Heutzutage empfehle ich, dass das Mindset Ihrer Firma mit einem klaren Purpose untermauert wird. Dieses kurze, prägnante Statement soll die Daseinsberechtigung Ihres Geschäftsmodells erklären – sprich, den positiven Impact, den Sie für die Welt leisten.

Manche OKR-Berater nennen ihren Purpose ihr Ultimate Objective und dieses Objective wird selbstverständlich wesentlich länger gültig sein als ein Quartalsziel.

Meine eigene Firma hat den Purpose »Helping people to love their job«, was als Qualitätsmaßstab und Leitfaden unseres täglichen Handelns gilt, ganz egal in welchem Thema wir heute beraten.

**Wie wirkt sich die Größe unserer Organisation auf die Zeit aus, die wir für das Alignment benötigen?**

Wie man im Englischen sagt: »There is more than one way to overcook a turkey.« Die meisten Leute verkomplizieren anfangs ihren Alignment-Prozess. Da sie oft lange mit dem altmodischen Command-and-Control-Zielsetzungsansatz gearbeitet haben, wurden sie trainiert, zu glauben, dass es nur einen einzig attraktiven Weg zum Erfolg gibt. Je länger man aber darüber nachdenkt, desto lächerlicher erscheint diese Einstellung.

Bei WIN WITH OKR beginnt der Alignment-Prozess dezentral, indem Sie erst Ihren eigenen Einflussbereich beim Festlegen Ihrer eigenen Prioritäten anschauen und entscheiden, wie Sie die firmenweiten Initiativen unterstützen können. Danach stimmen Sie die Mehrwerte der OKRs – nicht den Wert jedes Key Results – aufeinander ab, sodass große Organisationen das Alignment in zwei bis drei Wochen, wie oben beschrieben, meistern können.

Das C-Level hat seinen größten Einfluss auf ein bis zwei Ebenen unter sich. Es überlässt das detaillierte Alignment ihren Team-Leads und lokalen Führungskräften.

**Wie können wir sicherstellen, dass unsere Key Results Sinn ergeben?**

Die meisten unserer Kunden sind in einer Welt groß geworden, in der sich alle Ziele mathematisch addieren, wie der Saldo bei ihrer Bilanz. Sie versuchen dieses Prinzip auch bei der Abstimmung ihrer OKRs anzuwenden.

Sie bemühen sich sehr, dass alle Company-Key-Results in Sub-KRs auf Teamebene heruntergebrochen werden, et cetera.

Das ist nicht nur reine Zeitverschwendung, sondern führt unweigerlich zu Kompromissen beim Inhalt ihrer OKRs, damit sie irgendwie in ihre Gleichung passen.

## Wenn unsere KRs sich nicht mathematisch aufaddieren – was machen sie dann?

Um sowohl effektiv als auch effizient beim Alignment der OKRs zu sein, wählen Sie einen etwas freier strukturierten Ansatz, bei dem jeder immer wieder Fragen stellt wie: »Welchen Mehrwert werden wir bringen?«, »Gehen wir sinnvoll mit unserer Zeit um?« und »Wird sich diese zeitliche Investition für die gesamte Organisation lohnen?« Es geht immer um die Abstimmung des Mehrwerts, nicht um spezifische Zahlen.

Im herkömmlichen Command-and-Control-Umfeld würde jedes Team einen gewissen Prozentsatz zum Ziel des nächstoberen Levels beitragen: Fünf Verkaufsteams gewinnen je hundert neue Kunden, sodass die gesamte Verkaufsabteilung insgesamt fünfhundert neue Kunden gewinnt.

In der OKR-Welt würde sich Verkaufsteam A um ein dringendes Problem mit dem Marketing in Indien kümmern, während Team B sich um das Data-Mining, die spezifischen Anwendergeschichten ihrer Kunden, kümmert.

Beides würde einen Einfluss auf den Verkaufserfolg der Abteilung haben, da beide Key Results darauf ausgerichtet sind, Marktanteile für die Firma zu gewinnen, was der ausschlaggebende Wert für diesen Bereich ist. Das Ergebnis des Department-Key-Results von fünfhundert neuen Kunden liegt in guten Händen.

## Wie vermeiden Sie, dass jeder einfach macht, was er will?

Darum geht es beim Alignment! Aber nicht alle müssen notwendigerweise mit in die Company-OKRs eingebunden werden. Es könnte sein, dass das Unternehmen gerade versucht, einen neuen Markt zu erschließen oder ein neues Produkt einzuführen. Hier könnte viel Unterstützung von der Rechtsabteilung, Produktentwicklung und den Verkaufsteams notwendig sein, aber das IT-Infrastruktur-Team hat ganz andere Prioritäten, weil es gerade eine neue Version des Betriebssystems gibt oder Cybersicherheitsprobleme.

Auf einer persönlichen Ebene: Wenn jemand die Firma verlässt, könnte es ein paar sehr spezifische, dringende Vor-Ort-Prioritäten, die gelöst werden müssen, geben. Auch wenn diese Probleme vielleicht nicht relevant auf Company-OKR-Ebene sind, noch einmal: Das ist auch okay so.

### Wir haben versucht, das zu machen, was Sie gesagt haben. Weshalb fällt uns das so schwer?

Am Ende des Tages müssen Sie sich darüber im Klaren sein, was Sie *nicht* tun sollen, um sich auf die wenigen wichtigen Dinge zu konzentrieren. Wenn Ihre Alignment-Sessions einem Sudoku-Puzzle gleichen, dann ist Ihr OKR-Set höchstwahrscheinlich zu kompliziert geraten. Sie versuchen wahrscheinlich, den schlauen Trick anzuwenden, so viele Themen wie möglich in Ihre Key Results zu packen. Dies führt fast immer zu Enttäuschungen am Ende des Zyklus.

Ein guter Tipp ist: Nehmen Sie sich Zeit, um einen Entwurf für Ihr erstes OKR-Set zu schreiben und für ein paar Nächte darüber zu schlafen, bevor Sie sie mit anderen besprechen. Das ist immer viel effektiver als Alignment-Marathons.

### Wir haben einfach so viele Themen. Wir können es uns nicht leisten, Hauptthemen zu ignorieren.

Im letzten Kapitel habe ich Sie herausgefordert, zu erkennen, wie ironisch es ist, wenn man Wochen damit verbringt, zu besprechen, welche Ziele realistisch sind, nur um sie nicht zu erreichen. Nun möchte ich Sie noch mal herausfordern, diesmal mit der Frage: Sind Sie wirklich der Meinung, dass jedes Ziel eine hohe Priorität hat und unbedingt erzielt werden muss?

Wie Sie im Kapitel »Grading« lernen werden, täuscht unser optimistischer Ansatz bezüglich unserer Misserfolge »Immer mit dem Blick nach vorne« lediglich vor, dass wir viele Ergebnisse erzielen, wenn wir viele Dinge beginnen – das ist nicht der Fall.

Wenn Sie die erwiesene Tatsache akzeptieren, dass es der schnellste Weg zum Erfolg ist, sich auf einige wenige wichtige Dinge zu konzentrieren, wird das Verschieben oder gar Löschen anderer hoher Prioritäten viel einfacher.

**Ich habe ein großes Team/Abteilung/Firma. Daher haben wir viel mehr als nur fünf Prioritäten. Wir können es uns nicht leisten, unsere Chancen zu begrenzen.**

Zunächst müssen Sie akzeptieren: Je mehr Sie anfangen, desto weniger bringen Sie zu Ende. Leider hat sich hier in der menschlichen Psyche in den letzten Jahren einiges verschoben, das müssen wir erst umprogrammieren.

Wir tendieren dazu, einen größeren Fokus darauf zu legen, was wir nicht haben oder verlieren könnten, als auf das, was wir schon erreicht haben. Wir schauen eher nach vorne als zurück, träumen von vielen Erfolgen und machen uns Sorgen, dass etwas ganz bestimmt schiefgehen wird, wenn wir bestimmte Aufgaben nicht zu Ende bringen.

Denken Sie daran: Die Kunst des Alignments ist, weniger anzufangen – und nicht herauszufinden, wie man mit weniger Worten mehr sagen kann. Erinnern Sie sich an den Vergleich am Anfang des Buchs mit dem Förster, der gesunde Bäume fällen muss, damit andere zu riesigen Eichen wachsen können. Ihre Organisation ist wie dieser Wald. Egal, wie viele tolle Ideen Sie haben, konzentrieren Sie sich auf ein paar wenige, damit diese am besten wachsen können.

**Ich verstehe, ich muss mich entscheiden. Aber wo soll ich mit dem Priorisieren meiner Themen beginnen?**

Der Mehrwert Ihrer Arbeit ist das Herzstück von WIN WITH OKR. Klarheit über den Mehrwert zu haben, macht das Alignment viel effektiver. Wenn es Ihnen schwerfällt, Ihre OKRs abzustimmen oder zu entscheiden, wie Sie Ihre Möglichkeiten priorisieren sollen, schauen Sie sich noch mal den Mehrwert, den Sie liefern, an. Wenn man dieses verbindet, wird das Alignment zum Kinderspiel.

Es ist außerdem viel einfacher, auf einen Mehrwert zu verzichten, wenn man ihn mit einem anderen Objective vergleicht, der einen noch größeren Wert bietet.

Unter der Annahme, dass Ihre Kollegen beim Craften auch den größtmöglichen Einfluss ihrer Arbeit beabsichtigen, wird es viel einfacher, die Prioritäten zu vergleichen und die Zwischenverbindungen unter dem Mehrwert der verschiedenen Objectives zu identifizieren.

## WANN sind wir aligned?

**Wie lange dauert es für das Alignment unserer Ziele?**

Wie bereits in den beiden Crafting-Kapiteln besprochen: Planen Sie mit zwei bis drei Wochen, um Ihre OKRs zu craften und abzustimmen, mit einem All-Hands-Event in der Mitte, wenn Sie ein bisschen Übung haben (siehe Kapitel »All-Hands-Event«).

**Empfehlen Sie, dass man ganz oben mit dem Firmen-OKR-Set anfangen sollte, oder sollten wir lieber zuerst unsere Team-Prioritäten (und -OKRs) diskutieren?**

Mit etwas Erfahrung werden Sie erkennen, dass sich alles zu einem iterativen Prozess verbindet. Teams diskutieren ihre nächsten OKRs am Ende des Zyklus, während die Manager gleichzeitig die Firmenprioritäten festlegen. Es gibt jedoch drei Prinzipien, die wir grundsätzlich empfehlen:

1. Die Führungskräfte der Firma sollten gemäß ihrer Funktion die strategische Ausrichtung in Form von obersten Prioritäten liefern, bevor alle mit dem Craften ihrer OKRs beginnen.
2. Diese Führungskräfte müssen außerdem bereit sein, zuzuhören und Kommunikationskanäle zu implementieren, um sicherzustellen, dass OKR-Vorschläge aus den unteren Reihen gehört werden und eventuell zu Firmen-OKRs erhoben werden können.
3. Sie müssen auch die Verantwortung für die Prioritäten übernehmen und – egal wie informell oder verbreitet dieser Prozess ist – es muss eine Art von Abnahme (Sign-Off) geben.

## WER ist verantwortlich?

**Ich habe bemerkt, dass ich keine anderen OKRs unterstützen kann, weil ich mit meinem Set schon vollauf beschäftigt bin.**
Das ist beispielsweise eine klassische Frage eines internen Serviceanbieters oder von Mitarbeitern, die sich um die Webseite kümmern, Social-Media-Kampagnen laufen lassen oder Apps entwickeln. Sie ist zudem ein Zeichen, dass das Alignment nicht effektiv gewesen ist, da die einzelnen Prioritäten in der Gruppe nicht ausreichend abgestimmt sind.

Die Daumenregel ist, dass Sie höchstens bei fünf OKRs erheblich aktiv mitwirken. Die Wahrheit ist: In der Praxis ist es nicht immer so einfach, weil OKR nur mit Zusammenarbeit und gegenseitiger Unterstützung funktioniert.

Manchmal braucht man ein paar Zyklen, um das zu üben, aber wenn Sie mit den herkömmlichen Zielsetzungsmethoden brechen und die GiGo-Falle beachten, werden Sie bald bemerken, wie Ihre Prioritäten auch die OKRs Ihrer Kollegen unterstützen.

Sie könnten zum Beispiel ein Key Result wählen bezüglich der Umsetzungsrate Ihrer Kundenverkaufsgespräche. Ihre Kollegen in der Produktentwicklung dagegen benötigen ganz verzweifelt neue Markterkenntnisse bezüglich der Verbleibrate. Sie könnten nun zum Beispiel diese Entwicklerfrage in Ihre Umfrage integrieren, die Sie für Ihre Umsetzungsrate sowieso laufen haben.

### Ist OKR ein Top-Down- oder Bottom-Up-Prozess?
Beides! Die richtige Balance zu finden ist das Wichtige dabei.

WIN WITH OKR macht die Stärken und verbesserungsbedürftigen Bereiche sehr transparent. Ein Top-Down-Chef lernt, weniger vorzugeben und mehr über Ergebnisse und Erwartungen zu sprechen, ohne genau das Wie vor-

zuschreiben. Demgegenüber haben wir auch Teams mit hoch angesehenen Vorgesetzten erlebt, die sichtlich erleichtert waren, endlich eine klarere Richtung von oben vorgegeben zu bekommen.

### Wie weit sollten Manager in den Team-Alignment-Prozess integriert werden?
Sie sollten zunächst einfach nur zuhören – und damit meine ich nicht nur die ersten fünf Minuten der Begrüßungsworte. Manager müssen lernen, still zu sein, damit ihre Teams sich zuerst äußern können. Dann können sie hinterfragen und nachhaken. Am Ende muss auf jeden Fall eine Übereinstimmung gefunden und die schwierige Entscheidung zusammen mit ihren Kollegen getroffen werden.

Manchmal entstehen ein paar heiße Diskussionen und manchmal ist einer am Ende enttäuscht, aber das ist die hässliche Wahrheit darüber, ein Manager zu sein: Sie werden nicht dafür bezahlt, eine perfekte Lösung, sondern den bestmöglichen Kompromiss zu finden. Wenn das nicht so wäre, bräuchten wir auch keine Manager.

**Können Sie empfehlen, dass einzelne Personen für manche KRs verantwortlich sind?**
Nein. Das würde ein falsches Mindset fördern, denn die alleinige Verantwortung beziehungsweise der Besitz kann Zusammenarbeit schon von Anfang an torpedieren.

Außer bei Indivdual-OKRs bevorzuge ich, dass Gruppen mit Teilnehmern aus verschiedenen Abteilungen für jedes OKR verantwortlich sind, da hierdurch die Zusammenarbeit und Innovation gefördert wird.

Es kann von Vorteil sein, wenn C-Level-Manager manche Themen wie zum Beispiel Mental Health & Wellbeing, die nichts mit dem Kerngeschäft zu tun haben, promoten oder als deren Mentor fungieren. Aber eigentlich möchten wir, dass die Gruppen enger zusammenarbeiten.

Es ist jedoch ein klarer Indikator für uns, wenn manche unserer Kunden zu Beginn darauf bestehen, dass bestimmte Key Results oder sogar ganze Company-OKRs an bestimmte Mitarbeiter vergeben werden. Es ist ein Zeichen dafür, wie weit sich das Mindset auf dem Weg zu einer Outcome-Driven OKR-Kultur schon entwickelt hat.

Der Sinn von Alignment ist, die Ressourcen, die der Firma zur Verfügung stehen, weise einzusetzen und sicherzustellen, dass die wichtigen Dinge erfüllt werden. Das ist nicht der Fall, wenn wir Grenzen durch Verantwortlichkeiten ziehen.

**Aber in unserer Software müssen wir Verantwortungen angeben?**
Arbeiten Sie niemals um Ihre wahren Prioritäten herum, nur um der Software gerecht zu werden – das Gegenteil bringt immer bessere Ergebnisse.

Eine der großen negativen Seiten aller OKR-Softwares, die ich gesehen habe, ist, dass sie in ihrem Alignment-Ansatz viel zu binär aufgebaut sind.

### Was machen wir mit abteilungsübergreifenden OKRs?

Eine der größten versteckten Stärken von OKR ist, dass sie abteilungsübergreifende Zusammenarbeit fördern, ohne dass Sie erst mal die Hierarchien umstrukturieren müssen.

### Können zwei Teams ein OKR-Set teilen?

Natürlich! In Ihrem ersten OKR-Pilot-Zyklus sollten Sie das vielleicht nicht zu viel machen. Es ist einer der tollen Vorteile von OKR, dass Sie Menschen und Fähigkeiten jeden Monat anders zusammenbringen können, damit sie sich in wirklich sinnvolle Arbeit einbringen, ohne sich um langwierige Restrukturierungen kümmern zu müssen oder Sorgen um persönliche Nachteile im Ansehen oder bei der Jobsicherheit zu machen. Bei gemeinsamen OKRs in zeitlich begrenzten OKR-Teams zusammenzuarbeiten und Erfahrungen zu teilen, ist fantastisch!

### Alignment ganz praktisch betrachtet

Die bisherigen OKR-Beispiele in diesem Buch sind als autarke Zielcluster oder Atome anzusehen. Jetzt lernen wir, wie man mithilfe der WIN-WITH-OKR-Crafting- und Alignmentprinzipien etwas spielerischer mit der Formulierung von Objectives umgehen kann – wie langfristige und kurzfristige OKRs harmonisieren und wie vor allem mehrere Abteilungen aus ihren Silos herausbrechen, sodass beispielsweise die Bereiche Entwicklung, Vertrieb, Logistik und Marketing zu einem oder mehreren OKRs gemeinsam einen Anteil beitragen können.

Im folgenden Beispiel erfinden wir das Smartphone neu. Es soll keinesfalls die Erfindung des ersten iPhones beschreiben, denn wir wollen *jetzt* etwas anderes, Besseres, Innovativeres erfinden – genau wie das iPhone damals eine Revolution in der Kommunikation ausgelöst hatte.

Diese OKRs sind nicht als eine Art Feature- oder User-Story-Liste beziehungsweise Produktentwicklungs-Backlog zu verstehen. Sie ersetzen keine Projektmanagementmethode, sondern helfen uns, die paar wenigen wichtigen Merkmale im Vorderkopf zu behalten, die unser Produkt großartig machen werden, während diese Features entwickelt und vorangetrieben werden. Die Beispiele dienen als Inspiration bei der Formulierung Ihrer eigenen OKRs. Also legen Sie sie bitte inhaltlich nicht zu sehr auf die Goldwaage. Wenn Sie jedoch der Meinung sind, dass die von mir gewählten Key Results unkritisch oder gar falsch sind, dann haben Sie schon angefangen, die Macht des Alignment-Prozesses zu spüren.

**BEISPIEL** **OKR für strategischen Erfolg des Unternehmens**

Unser innovatives Smart-Device begeistert den Zielkunden unserer Konkurrenten gleichermaßen wie unsere Controller, sodass die langfristige Zukunft unserer Firma gesichert ist:

- Das neue Device wird alle unsere bisherigen Modelle in unserer Palette bis in zwölf Monaten ersetzen (Anzahl ersetzbare Geräte),
- Im Vergleich zu den Top 10 der Konkurrenzprodukte hat unser Produkt je fünf USPs (maximal zehn mal fünf Punkte möglich),
- Produktionsvollkosten um 30 Prozent gesenkt gegenüber unserem aktuell einfachsten Gerät,
- Großkundenaufträge für X.000 000 Geräte vor dem Launch vertraglich gesichert.

**Für die Hardware-Entwicklung und das Design:**
Jeder will unser Device in der Hand tragen und damit gesehen werden, sodass es sich wie warme Semmeln verkauft:

- Weniger als 75 Gramm Gewicht (Startwert zum Beispiel – Gewicht des aktuellen Renner-Produkts),
- Fünf Features/Gründe, wegen der man es nicht in der Tasche (ver)stecken will,

- Fünf Design Awards gewonnen innerhalb drei Monate nach dem Launch,
- Hundert Influencer-Verträge in den Zielmärkten abgeschlossen.

**Für die Software-Entwicklung:**
Niemand verlässt das Haus ohne unseren unentbehrlichen Begleiter, denn man muss ihn in der Hand tragen:
- Pay-Funktion für alle Währungen unserer Zielmärkte (90 Prozent aller Kundenwährungen abgedeckt),
- Notwendig für die fünf Haupttransportmittel unserer Kunden,
- Zehn innovative native OS-Lifestyle-Apps, die den Tagesablauf unserer Zielkunden vereinfachen (Sicherheitswarnhinweise, Podcasts hören, Essen bestellen, Flugtickets verwalten …),
- Batterie hält mindestens vierundzwanzig Stunden (egal welche Anwendungen laufen).

**Für den Vertriebserfolg bei der Markteinführung:**
Jeder profitiert täglich davon, unser Device zu tragen und zu nutzen, sodass es unserem Vertriebsteam langweilig wird:
- Großkundenaufträge für X.000 000 Geräte vor dem Launch vertraglich gesichert (ja – dieses KR ist bewusst von dem obigen globalen OKR 1-2-1 kopiert worden),
- 15 Prozent der Neubestellungen ab zweitem Monat kommen durch die integrierte native »Empfiehl es einem Freund«-App,
- Reklamationsquote der ersten drei Monate weniger als X Prozent,
- Zehn Fachjournal-Reviews vergeben Top-Punkte in ihren Bewertungen.

**Kapitel 6**

# Erste Zwischenbilanz – Aus Worten werden Taten

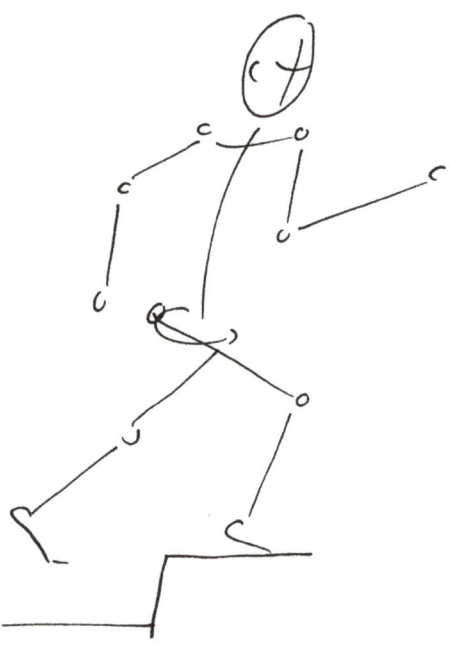

Wenn bisher alles planmäßig verlaufen ist, werden Sie sich richtig motivierende Ziele ausgesucht haben. Sie sind als WIN WITH OKRs in Worte und Sätze gefasst, was bedeutet, dass sie ganz eindeutig, ehrgeizig und strukturiert sind. Sie werden Ihre Prioritäten mit all Ihren geschäftlichen Partnern, die sich in Ihrem Einflussbereich befinden, abgestimmt haben. Das bedeutet, dass Sie alle am selben Strang ziehen und in dieselbe Richtung unterwegs sind.

All unsere Kunden schätzen es sehr, dass ihnen OKR dabei hilft, Prioritäten abzustimmen und beizubehalten. Am Ende des ersten Zyklus geben sie uns das Feedback, dass das Craften der OKRs bedeutungsvolle Ziele hervorgebracht hat. Sie haben somit auch das Gefühl, an mehr sinnvollen Themen zu arbeiten. Dies wiederum treibt den Fortschritt voran und bietet einen erheblichen Mehrwert.

Am Ende des ersten Zyklus können jedoch nur sehr wenige Kunden schon den ebenso mächtigen Vorteil von OKR erkennen, nämlich: die Macht der Innovation! Durch das Erlangen eines weitaus tieferen Verständnisses haben Sie mit OKR die Möglichkeit, ultimativ Ihr Unternehmen zu revolutionieren.

Das Hindernis, das es zu meistern gilt: Bei OKR geht es nicht nur darum, ehrgeizige Ziele zu setzen, es geht hier auch darum, die Einstellung zu verändern, wie man diese Ziele erreicht.

Herzlich willkommen zur zweiten Hälfte des Buchs – dem Teil, der Ihren ersten OKR-Zyklus in einen Riesenerfolg verwandelt und verhindert, dass Sie sich am Ende fragen, warum OKR nicht das erfüllt, was es versprochen hat.

In den nächsten Kapiteln werden wir lernen, wie man eine aktive Lernkultur etabliert, die verblüffend nützliche Ergebnisse erzielt, weil, wie anfangs schon erwähnt, OKR keine Methodik, sondern ein Mindset ist!

**Kapitel 7**

# Tracking – Data-Driven Fortschritt

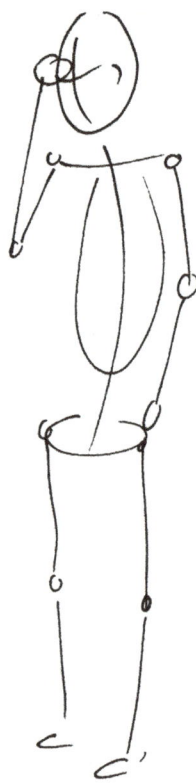

OKR kann das Rätselraten um Fortschritt und Innovation beenden, denn es hilft Ihnen, ganz leicht uralte Probleme zu lösen und Ihre Effektivität zu erhöhen. Das passiert jedoch nicht in der Crafting-Session. Das Tracking spielt eine nicht zu unterschätzende Rolle in der Reise zum Erfolg mit WIN WITH OKR.

Sie machen sich während des OKR-Zyklus fortwährend Notizen. Dadurch sammeln Sie unbezahlbare geschäftliche Erkenntnisse, die im Moment vielleicht belanglos erscheinen, aber oftmals später ein ausschlaggebendes Teil für Ihr strategisches Pivot-Puzzle darstellen. Genau dadurch werden Sie dann weit über das von Ihnen erwartete Ergebnis hinauskatapultiert.

Fragen Sie mal irgendeinen guten Wissenschaftler, was die Wahrheit ist. Die Antwort wird lauten: Alles ist wahr, was bis heute nicht als falsch erwiesen worden ist. Diese Art Growth Mindset war bisher außerhalb der Wissenschaft schwer einzuführen.

**DEFINITION**

**Growth Mindset:** Gemäß Carol Dweck, Professorin der Psychologie an der Stanford Universität, gibt es zwei verschiedene Mindsets. Hier benennen wir den Growth Mindset, der Menschen beschreibt, die daran glauben, dass sie ihre Fähigkeiten durch Lernen verbessern können und dass sie nicht nur mit einem begrenzten Talent auf die Welt gekommen sind. Dieser Glaube ermutigt sie, immer wieder etwas Neues zu versuchen und zu entdecken, was wiederum dazu beiträgt, dass sie wachsen können.

Jahrelang wurden Menschen nach ihrem Wissen beurteilt, sodass die Geschäftswelt sich nun nicht mehr traut, zuzugeben, dass sie nicht alle Antworten kennt. Genau wie Wissenschaftler mit einem methodischen Ansatz an ihre Arbeit herangehen, müssen auch wir lernen, unseren Forschungsdrang und Wissensdurst so zu lenken, dass Gedanken zu Theorien werden und Theorien zu Fakten.

Der erste Schritt ist daher, zu akzeptieren, dass wir nicht alle Antworten wissen. Der zweite Schritt ist, aktiv nach ihnen zu suchen.

## WAS genau soll ich tracken?

**Was bedeutet Tracking konkret?**
Tracking bedeutet, dass Sie wichtige Gedanken festhalten. Notieren Sie sich daher, wie, wann und warum Sie etwas Besonderes erreicht haben, was Sie währenddessen gelernt haben, was Sie überrascht hat und welcher Misserfolg Ihnen eine Lehre war.

**Dann ist Tracking einfach nur ein Logbuch oder ein persönliches Tagebuch?**
Ganz genau. Hier halten Sie Ihre Gedanken fest, damit Sie in der alltäglichen Hektik nicht wieder alles dazu vergessen. Der einzige Unterschied zum wirklich persönlichen Tagebuch ist, dass OKR einen völlig transparenten

Rahmen für Ihr Team darstellt, das bedeutet, es ist ganz und gar nicht privat und es wird auch Ihren Kollegen zugänglich sein.

**Ich möchte nicht, dass meine Kollegen all meine Notizen lesen können.**
Wenn Sie sich wirklich nicht wohl dabei fühlen, Ihre Gedanken mit anderen zu teilen, kann ich mit folgendem Kompromiss, zumindest während Ihrer ersten paar OKR-Zyklen, leben: Schreiben Sie Ihre Gedanken in einer eigenen, privaten Textdatei auf. Aber bitte, machen Sie das wirklich regelmäßig. Mit der Zeit werden Sie die Vorteile von geteiltem Lernen erkennen und lernen, wie nützlich es ist, gemeinsam Fehler durchzusprechen.

**Ich mache mir Sorgen, all unsere Ideen transparent zu machen. Es handelt sich doch um eine Menge geistiges Eigentum. Was ist, wenn es in die Hände unserer Wettbewerber kommt?**
Natürlich, jeder muss bedacht damit umgehen. Ich glaube auch nicht daran, dass Larry Page (Co-Founder von Google) all seine Geheimnisse offen teilt, aber bei dieser Frage geht es um eine viel größere Diskussion.

Wenn Sie Ihrer Belegschaft nicht vertrauen können, dann ist die Tatsache, dass Sie Firmengeheimnisse für sich behalten, nur noch ein weiterer Grund dafür, warum Ihr Geschäft nicht sein ganzes Potenzial entfaltet. Diesen Umstand sollten Sie auf jeden Fall klären, wenn Sie wirklich das ganze Potenzial von OKR ausschöpfen möchten.

Ich habe schon verschiedenste Firmen beraten. Und wenn es einen roten Faden gibt, der sich durch all diese Projekte zieht, ist es folgende Tatsache: Je weniger sie ihrem Team vertrauen, desto mehr werden sie selbst für ihre Firma zum sogenannten Bottleneck of Growth.

## **WARUM** tracken wir überhaupt?

**Sollen wir uns damit wirklich herumschlagen?**
Ja. Let the innovation begin – Tracking ist der erste Schritt im OKR-Zyklus, der Ihnen hilft, einfache Lösungen für uralte Probleme zu finden und neue Ideen zu identifizieren, die Ihre unmöglichen, waghalsigen Ziele möglich machen.

**Was geschieht, wenn wir unsere OKR-Arbeit nicht tracken?**
Strategie bedeutet heutzutage nicht mehr, eine Wunschliste für die nächsten zehn bis zwanzig Jahre zu schreiben. Es geht darum, Marktprognosen zu erstellen, diese anschließend zu überprüfen und Ihre Pläne entsprechend Ihrer Einsichten anzupassen.

Indem Sie sich OKRs setzen, haben Sie sich sozusagen auf ein Forschungsprojekt eingelassen. Sie sind jedoch kein Vollzeit-Wissenschaftler in einem Labor. Sie haben auch noch eine Menge anderer Aufgaben und Unterbrechungen, während Sie das OKR-Puzzle lösen.

**Und hier liegt genau mein Problem: Ich bin viel zu beschäftigt mit meinen Aufgaben, um auch noch ein OKR-Tagebuch zu führen – ich hab die Zeit einfach nicht!**
Ihre Trackingnotizen werden Ihnen helfen, diese wertvollen OKR-Erkenntnisse festzuhalten, wenn Sie sich bewusst Zeit zum Nachdenken nehmen, rückblicken und reflektieren können.

Denn wenn Sie auch Ihre Rückschlüsse und Erkenntnisse notieren, können Sie Ihre Gedanken zu Ihrer OKR-Arbeit gut rückverfolgen und weiterspinnen, wann immer Sie einen Moment Zeit zum klaren Denken finden.

**Wir haben uns doch schon so viel Mühe beim Setzen der Ziele gegeben, das reicht doch bestimmt aus für den ersten OKR-Zyklus?**
Sie sollten stolz auf Ihre wunderbaren OKRs sein. Aber sie nur anzustarren oder sich gegenseitig in Ihren wöchentlichen Check-ins laut vorzulesen, reicht nicht aus, um Ihre Träume zu erfüllen.

## WER soll was tracken?

**Muss ich da auch mitmachen?**
Jeder, der aktiv für ein OKR verantwortlich ist, sollte auch in den Tracking-Prozess involviert sein. Wenn Sie ein Individual-OKR-Set haben, sollten Sie Ihr eigenes OKR tracken. Wenn Sie mit anderen in einem Tribal-OKR zusammenarbeiten, etablieren Sie einen robusten Workflow, um die Erkenntnisse zu besprechen und festzuhalten.

**Was ist mit den OKRs, die ich nur unterstütze?**
Ich habe oben das Wort »verantwortlich« benutzt, weil jedes OKR einen Besitzer haben sollte – entweder ein Team oder einen Einzelnen. Wenn Sie nur eine Aufgabe erfüllen, die Ihnen von einem OKR-Besitzer erteilt worden ist, könnte es sein, dass man Sie auffordert, eine Art Bericht über Ihre Erkenntnisse abzugeben. Es liegt aber in der Verantwortung des Besitzers, diese Informationen in das OKR Tracking-Logbuch einzutragen.

**Wir sind so beschäftigt. Unsere PA beziehungsweise Assistenz wird die OKRs für uns tracken.**
Bitte nicht! Das Delegieren von Ihrer Tracking-Arbeit an eine Assistenz ist sehr gefährlich. Auf diese Weise verlieren Sie den direkten Kontakt zu der großartigen Entwicklung, die Ihre Firma gerade durchläuft. Es wird unausweichlich dazu kommen, dass Sie neue Chancen verpassen. Darüber hinaus verursacht dies Frust bei Ihren Mitarbeitern.

Wie man es dreht und wendet, läuft es auf eines hinaus: Wenn Sie nicht die Zeit haben, die OKRs zu tracken oder zumindest die Ergebnisse, die von Ihrem Supportteam getrackt worden sind, regelmäßig zu besprechen, sollten Sie das gesamte OKR-Implementierungsprogramm an jemand anderen delegieren. Vergessen Sie dabei nicht: Dadurch geben Sie demjenigen aber auch die volle Autorität, diese Entwicklungsphase selbstständig durchzuführen.

**Ich glaube, Sie verstehen nicht den Umfang meines Jobs als Board Director – meine PA beziehungsweise Assistenz macht alles für mich.**
Ich habe schon zahlreiche Projekte in großen Organisationen durchgeführt – oftmals mit Zehntausenden von Mitarbeitern – und verstehe sehr gut, unter welchem Druck die Führungsebene steht. Wenn Sie der Chief Important Officer einer Really Big Co Inc. sind, sind Sie wahrscheinlich deshalb an dieser Position, weil Sie gut delegieren und genau wissen, wie Sie Ihre Gedanken mit einfließen lassen können.

Wenn Sie wirklich diese Person sind, die erfolgreich mit ihren direkten Managern partnerschaftlich alle Themen bearbeiten kann, dann delegieren Sie diese Aufgabe. Sie sollten sich jedoch einmal wöchentlich über alle neuen Erkenntnisse informieren lassen und gemeinsam eine sehr kurze wöchentliche Zusammenfassung erstellen.

## WANN wird getrackt?

**Wie viel Zeit sollten wir uns für die OKR-Arbeit und das Tracking einplanen?**
So viel wie möglich, aber weniger als 100 Prozent. Diese merkwürdige Antwort soll Sie inspirieren, darüber nachzudenken! Und sie betont, dass Ihre OKRs Ihre Hauptprioritäten für die nächsten paar Monate darstellen sollten. Natürlich gibt es immer Aufgaben, die nicht zu den Prioritäten zählen und trotzdem erledigt werden müssen. Aber diese Arbeit sollte begrenzt sein.

Wie in den Kapiteln »Crafting« und »Alignment« beschrieben, setzen Sie nur solche OKRs, für die Sie Ihre Kapazität während des gesamten Zyklus einsetzen können.

### Wir können doch nicht einfach unsere täglichen Aufgaben fallen lassen und uns nur noch auf OKR konzentrieren! Wie handhaben denn Ihre anderen Kunden ihre OKR-Kapazität?

Wie viel Zeit Sie für Ihre OKRs bereithalten, hängt voll und ganz von Ihrer Rolle und Ihren spezifischen OKRs, die Sie formuliert haben, ab. Aber Achtung! Normalerweise tappen die meisten in die Falle, sich hochgesteckte Objectives zu setzen, ohne sich über die Auswirkungen bewusst zu sein. Dann verstecken sie sich hinter ihren To-do-Listen als Ausrede dafür, warum sie nicht an diesen Themen arbeiten konnten.

Mit ein klein wenig Übung werden Sie lernen, fantastische OKRs zu craften, die (zumindest teilweise) in Ihren täglichen Workflow verwoben sind.

### Wie oft sollten wir unsere OKRs tracken?

Je häufiger, desto besser. Jedoch mindestens einmal pro Woche. Wir empfehlen Teams, die mit der OKR-Arbeit beginnen, das Tracking einen Tag vor dem Check-in-Meeting zu machen, damit die Diskussionen mit den Kollegen aussagekräftiger sind.

### Warum ist diese Häufigkeit so wichtig?

Mit etwas OKR-Übung werden Sie feststellen, dass die Trackingnotizen alle anderen regelmäßigen OKR-Aktivitäten unterstützen. Sie werden merken: Check-ins, Gradings und so weiter sind dann wesentlich schneller und leichter durchzuführen.

Am Anfang Ihrer Implementierungsphase gilt noch das Gegenteil: Indem Sie sich zwingen, regelmäßig Ihre OKR-Erkenntnisse festzuhalten, wird Ihre OKR-Arbeit nach und nach in Ihrer täglichen Agenda zur Priorität.

Sie werden sich dadurch auch an Ihre Inhalte erinnern. Somit arbeiten Sie automatisch daran, sie zu erfüllen.

### Kann ich nicht einfach am Ende des Monats alles aufschreiben?

Retro-Tracking, also Wochen später Ihre Gedanken niederzuschreiben, würde bedeuten, dass Sie nicht nur innerhalb dieser Zeit Chancen verpassen, es dauert auch viel länger.

So, als würden Sie Wochen später ihre Reisekostenabrechnung machen – das haben wir alle schon mal versucht.

### Welche bewährten Time-Management-Tipps können Sie uns für das OKR-Tracking geben?

Tracken Sie zum Arbeitsbeginn am Morgen und tracken Sie regelmäßig. Egal wie und wo Sie Ihre Notizen machen, gewöhnen Sie es sich an, als allererstes morgens Ihre Gedanken zu notieren, bevor Sie sich um die anderen störenden Geschäftskanäle kümmern – wie zum Beispiel Slack-Projekte oder noch schlimmer: Ihre E-Mail-Inbox.

Sie könnten sich auch angewöhnen, Ihre OKRs immer zu tracken: Wenn Sie in der U-Bahn sitzen/auf Ihren Latte to go warten/auf Ihren Hund warten, wenn er noch seine Runden über die Wiese rennt – nicht Zutreffendes bitte streichen.

# WIE tracke ich effektiv?

## Ich muss schon so viele Nachrichten verwalten. Helfen Sie mir!

Tracking sollte keine große Mühe bedeuten. Es sollte so sein, als würden Sie kurze Nachrichten an sich selbst schreiben. Ein paar Worte oder ein, zwei Sätze, die sich wie eine Geschichte lesen lassen, wenn man sie in den folgenden Wochen wieder durchliest.

Wenn Sie keine OKR-Software haben, richten Sie sich einen Slack- oder Teams-Kanal für sich selbst oder alle, die an dem OKR arbeiten, ein und schicken Sie sich selbst kurze Nachrichten, wann immer Sie einen Gedanken haben.

Die Hauptsache ist, dass Sie diese Notizen leicht finden können und nicht erst innerhalb der Einkaufslisten und Nachrichten an Ihre Freunde überall danach suchen müssen.

## Und wie kann ich mit diesen Erkenntnissen arbeiten?

Egal wo Sie Ihre Gedanken und Erkenntnisse festhalten, Sie werden immer wieder auf sie zurückgreifen (mindestens einmal pro Woche), um darüber nachzudenken, was Sie bisher gelernt haben. Dann sollten Sie auch Ihre OKRs noch einmal durchlesen, um Ihre Erinnerung daran aufzufrischen, was Sie genau erreichen wollten. Abschließend empfiehlt es sich, eine sehr kurze Zusammenfassung über das, was Sie in den letzten Tagen gelernt haben, zu schreiben.

## Sollten wir jedes unserer KRs separat tracken oder sollten wir jeweils unser gesamtes OKR-Set in einem großen Logbuch verwalten?

Jedes OKR sollte einzeln getrackt werden und seine eigene Timeline haben, aber nicht jedes KR.

Es sollte Ihnen innerhalb der OKR-Zeitschiene möglich sein, Ihre Erkenntnisse einfach zu filtern, um zweierlei erledigen zu können: Erstens können Sie nach Key Results sortieren, um hier tief in die Details eintauchen zu können und so dieses KR voranzutreiben. Und zweitens nehmen Sie dann den Filter wieder heraus und schauen sich die gesamte Zeitschiene für dieses OKR an. Analysieren Sie, was in welcher Reihenfolge geschehen ist und ob sich Ihre Mühe effektiv bezahlt macht.

Ich kann nicht genug betonen, wie wichtig dieser Filter ist, denn dies ist leider eine Schlüsselfunktion, die manche OKR-Software-Anbieter nicht bieten. Also wählen Sie weise.

**Welche Software benutzen Sie selbst?**
Wir haben bei Progress Factors verschiedenste OKR-SAAS ausprobiert, benutzen aber für unsere internen OKRs unser eigenes OKR-Werkzeug.

**DEFINITION**

SAAS bedeutet »Software as a Service«. Fast alle modernen Softwares werden nicht auf CD gebrannt, mit einer Zahlung gekauft und nach Hause versendet, sondern sie werden in einer Cloud gespeichert und ihre Anwender zahlen eine Monatsgebühr, um sie zu benutzen.

Innerhalb eines OKR versehen wir unsere relevanten Trackingnotizen mit einem Zeitstempel und dem Key Result. So sind unsere Gedanken für das Grading bereits vorsortiert. Auf diese Weise können wir auch einfach und schnell einen wöchentlichen Bericht über unser gesamtes OKR-Set erstellen, um es in unserem Check-in zu besprechen.

**Kapitel 8**

# Check-ins – Kommunikation ist alles

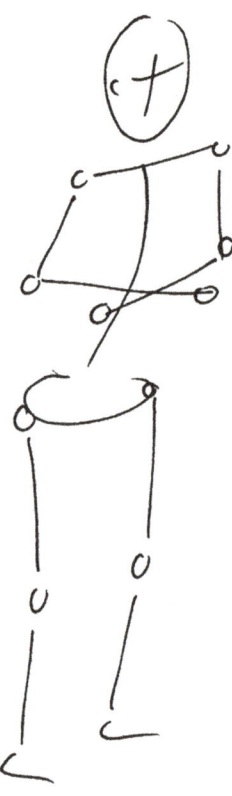

Stellen Sie sich eine Kurve vor, die die durchschnittliche Effektivität der ersten OKR-Zyklen aufzeigt. Was sehen Sie?

Ich habe viele hunderte, wenn nicht gar tausende Menschen in OKR trainiert und bei der Einführung gecoacht. Und ich kann Ihnen versichern, dass die Kurve sehr steil anfängt und dann um Woche 2 herum abstürzt, langsam abflacht und sich dann in den letzten Wochen des Zyklus in Form einer Badewannenkurve wieder nach oben bewegt. (Siehe Zeichnung auf den beiden folgenden Seiten.)

OKR bietet Ihnen eine ungemein bereichernde Art der Zusammenarbeit und Leistungssteigerung, die Sie sich vorher nicht hätten träumen lassen. Es verlangt jedoch, dass Sie sich in Bezug auf den neuen Ansatz – wie erreiche ich das Ziel – ein OKR-Mindset aneignen. Genau wie beim Fahrradfahren, so ist es auch bei OKR: Lassen Sie sich nur halbherzig auf den Prozess ein, wird es schmerzhaft und Sie kommen nur schleppend voran.

**Ich habe zwei Arten von Problemen, die dringenden und die wichtigen. Die dringenden sind nie wichtig und die wichtigen sind nie dringend.**

Weisheit eines ehemaligen College-Präsidenten, zitiert von Dwight David Eisenhower – amerikanischer General und Politiker, 1953 – 61/34. Präsident der Vereinigten Staaten (1890 – 1969), in seiner Ansprache an die Second Assembly of the World Council of Churches, Evanston, Illinois (19. August 1954)

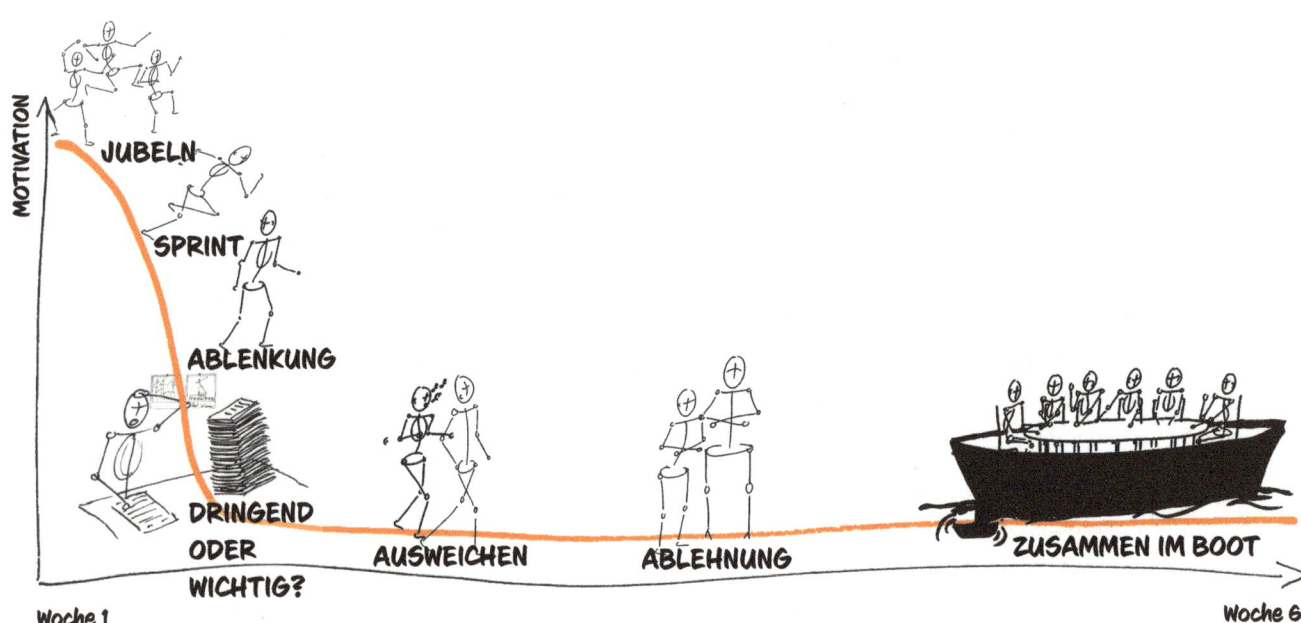

Die meisten Teams freuen sich auf die neue Art, Ziele zu setzen. Sie begrüßen auch die Macht des Alignments und den neuen fokussierten Ansatz. Jedoch stellt man bei der Umsetzung häufig fest, dass sie die neue Art der Zusammenarbeit nicht so schnell in ihr Herz schließen.

Das traditionelle Arbeits-Mindset wird immer Aufgaben vor Zielen priorisieren. Die menschliche Psyche scheint so zu funktionieren, dass die meisten Menschen erst alle ihre Routineaufgaben erledigen müssen, die sie mit dem Pseudotitel »tägliches Geschäft« beehren, bevor sie sich ihren wertvollen, wichtigen und zielorientierten Arbeiten zuwenden dürfen.

Fragen Sie mal irgendjemanden, wie er alltägliches Geschäft definiert. Die meisten können es nicht, und die, die es versuchen, verwenden meist Begriffe wie »wichtige Prioritäten«.

So wie wir erst die Hausaufgaben erledigen mussten, bevor wir spielen durften, scheinen wir auch jetzt unterbewusst zu denken, dass wir erst die langweiligen Sachen machen müssen, bevor wir die bedeutungsvolle Arbeit, die Spaß macht, anfangen dürfen. Die täglichen To-dos hören bekannterweise nie auf. Es wird immer einen Anteil dringender, nicht vorrangiger Aufgaben auf Ihrem Schreibtisch geben.

Bei der Einführung von OKR versuche ich, an den mentalen Ketten der Teilnehmer zu rütteln und erinnere sie, dass sich ihre Inbox zwar vor ihren Augen befindet, das Gehirn jedoch immer noch dahinter sitzt. Was ich damit sagen will, ist, dass es extrem sinnvoll ist, innezuhalten und nachzudenken, was man als nächstes angeht, anstatt auf das letzte Ping zu reagieren, das auf ihrem Bildschirm aufblinkt.

Zusammen mit unseren persönlichen Trackingnotizen können wir in den Check-ins gemeinsam das Wichtige vor das Dringende stellen und unsere Kapazitäten neu ausrichten.

Jeder profitiert im ersten Zyklus von den OKR-Prinzipien. Die Teams, die jedoch während des gesamten OKR-Zyklus voll engagiert dabei sind, die sich regelmäßig treffen, um ihre Erfolge, Niederlagen und was sie auf dem Weg gelernt haben miteinander zu teilen, erreichen wesentlich mehr von dem, was ihnen wirklich wichtig ist. Sie werden als die wahren Gewinner aus dem Spiel hervorgehen.

## WAS genau ist ein Check-in?

### Check-in bezeichnet was?
Wir bezeichnen so regelmäßige Meetings, in denen der Fortschritt und die Herausforderung von jedem OKR besprochen wird.

### Wie sieht die Agenda aus?
WIN-WITH-OKR-Anwender finden es hilfreich, folgende Themen zu besprechen – (im Wie-Teil finden sie noch weitere Informationen):

- Was haben wir erreicht? Was ist fehlgeschlagen? Was haben wir gelernt seit unserem letzten Treffen?
- Worauf liegt der nächste Fokus und warum?
- Müssen wir ein KR überdenken, ändern oder weglassen, oder vielleicht sogar ein ganzes OKR?
- Welche Rätsel/Herausforderungen stehen uns noch bevor und wie können unsere Kollegen vielleicht bei deren Lösung helfen?

### Was ist der Unterschied zwischen einem Major und Minor Check-in?
Ein Major Check-in dauert länger und hat in den meisten Fällen mehr Teilnehmer, weil es tiefer in die Details geht.

Major und Minor Check-ins sind spezifisch zu WIN WITH OKR. Während viele OKR-Berater über Check-ins, Reviews und Retros sprechen, tun die meisten OKR-Kunden sich sehr schwer mit dem Check-in-Rhythmus. Wir haben den Ansatz vereinfacht – was wann mit wem wie oft besprochen werden muss –, damit Ihre OKR-Arbeit im Fokus bleibt, nicht die reine Methodik.

Das Minor Check-in ist ziemlich kurz. Hier steht der Austausch vom aktuellen Stand der Dinge und wie man diesen vorantreiben kann im Fokus. Ein Major Check-in gibt die Gelegenheit, innezuhalten und Ihre Vorgehensweise grundsätzlich zu überdenken.

### Und was ist der Unterschied zwischen Weekly oder Bi-Weekly-Check-ins?

Weeklies und Bi-Weeklies sind beides andere Bezeichnungen für ein Check-in, wobei das Weekly einmal pro Woche stattfindet und das Bi-Weekly alle zwei Wochen.

### Was ist eine Cadence?

Das ist einfach ein anderes Wort für Takt oder Frequenz. So können Sie zum Beispiel eine Dreimonats-OKR-Zyklus-Cadence haben oder eine wöchentliche Check-in-Cadence.

### Was sind Reviews und Retros?

Im agilen Projektmanagement sind Reviews dazu da, einen Fortschritt zu besprechen (Wie gut haben wir unser Produkt entwickelt?). In einem Retro oder einer Retrospektive hingegen denken wir über die Effektivität der Methodik nach (Wie agil haben wir gearbeitet, wie können wir besser arbeiten?). Viele OKR-Berater waren früher agile Trainer, daher werden diese Begriffe auch in OKR-Trainings oft verwendet. Wir versuchen, dies zu vermeiden.

### Warum?

Erstens: Ich finde es nicht gut, das Was (Review) und das Wie (Retro) voneinander zu trennen. Nach meiner

Erfahrung führt es nur dazu, dass zwei Dinge polarisiert werden, die eng ineinander verschlungen sind. Dadurch werden Problemlösungen eher verhindert statt gefunden.

Zweitens: Dadurch wird noch eine weitere Ebene an Komplexität hinzugefügt, während die Teilnehmer gerade versuchen, etwas Neues zu lernen.

Drittens verbinden diejenigen, die bereits Erfahrungen mit Agile gemacht haben, diese Worte bereits mit einer spezifischen Art von Meeting. Wenn man diese nun in einem OKR-Zyklus verwendet, kann es sein, dass diese Personen sich nicht völlig von dem befreien können, was sie bereits aus einem ganz anderen Zusammenhang kennen.

### Was machen Sie dann anstelle von Reviews und Retros?

Wir halten einfach Minor oder Major Check-ins im Laufe des Zyklus, je nach Gesprächsbedarf bezüglich der OKRs.

## WER checkt was?

### Wer sollte am Check-in teilnehmen?

Ganz einfach: Alle, die an dem OKR-Set arbeiten. Also normalerweise das Team, das für die Erreichung der OKRs verantwortlich ist, und zusätzlich alle, die in der letzten Zeit eine größere Aufgabe für dieses OKR erledigt haben.

### Was ist, wenn man abteilungsübergreifende OKRs hat?

Dann gilt immer noch dasselbe: Alle, die an diesen OKRs arbeiten, sollten am Check-in teilnehmen, unabhängig davon, welchen Vorgesetzten sie jeweils haben.

**Sollte unser Chief Important Officer teilnehmen?**
Das kommt darauf an, wie aktiv dieser eingebunden ist: Bei OKR geht es darum, den Lenker loszulassen und zu fördern, dass Entscheidungen von verschiedenen Teilnehmern eigenverantwortlich gefällt werden. Daher rate ich davon ab, dass die Topmanager bei allen Check-ins dabei sind. Ein Vorgesetzter, der nicht in die aktive Arbeit involviert ist, aber dann bei jedem Check-in dabei sein möchte, lebt in einer Top-Down-Kultur, die sich nur hinter dem OKR-Namen verstecken möchte.

Wenn der Topmanager bei einigen OKRs teilweise Verantwortung trägt (wie ein CEO bei einem Company-OKR), dann sollte er natürlich teilnehmen. Wir hören oft sehr positives Feedback von Kunden, dass »sie nun endlich mal richtig Qualitytime mit ihrem direkten Vorgesetzten haben«.

Es ist auch sehr eindrücklich und motivierend, wenn ein leitender Manager die Zeit findet, bei Check-ins spontan vorbeizuschauen, einfach nur um zu signalisieren, dass er die Arbeit unterstützt und interessiert ist.

**Wie viele Teilnehmer sollte ein normales Minor Check-in haben?**
Minor Check-ins sollten eine begrenzte Zahl Teilnehmer von maximal acht Personen haben, damit ein gutes Gespräch stattfinden kann und der Detaillierungsgrad weder zu oberflächlich noch zu tief wird. Die Balance zwischen Fakten und Fragemöglichkeiten ist wichtig.

**Was ist mit denjenigen, die nur einen kurzen, begrenzten Beitrag zu einem OKR-Thema einer anderen Abteilung leisten?**
Wie bei allen anderen Themen in diesem Buch: Die Theorie soll bitte nicht dem Fortschritt im Weg stehen. Ich bin der Letzte, der die Zeit von irgendjemandem verschwenden möchte. Also lassen Sie einfach gesunden Menschenverstand walten. Gleichzeitig rate ich Ihnen: Probieren Sie es aus, dann wissen Sie es.

Sie werden schon bald die optimale Balance zwischen Erwartung und Kompromissen finden. Wenn jemand wiederholt keinen wesentlichen Beitrag im Meeting beisteuert, handelt es sich wahrscheinlich um eine Person, die nicht wirklich aktiv in die OKR-Arbeit involviert ist und in der Folge nicht dabei sein muss.

**Tolle Antwort. Aber wie kann ich in der Praxis erkennen, ob jemand dabei sein sollte oder nicht?**
Bei solchen Fragen hört sich OKR plötzlich so kompliziert an, aber nach ein paar Wochen Übung und Ausprobieren wird sich diese Frage von selbst beantwortet haben.

Vorausgesetzt, Sie sind gut vorbereitet, wird jeder Beteiligte verstehen, dass es ein paar Iterationen braucht beziehungsweise es im Laufe der Zeit immer wieder Veränderungen gibt, um den richtigen OKR-Ansatz für Sie und Ihr Team zu finden.

**Was können wir machen, wenn jemand nicht zum Check-in-Meeting kommt?**
Wenn ein oder zwei Personen aus guten Gründen nicht teilnehmen können, sollten die anderen sich trotzdem treffen.

Wenn die gleichen Personen immer wieder nicht erscheinen, muss man sich die Frage stellen, ob sie wirklich hinter ihrer OKR-Arbeit stehen. Wenn nicht, wird es Zeit für ein Coaching durch das Management oder einen OKR-Champion. Falls sie dahinterstehen, sollte man versuchen, einen anderen (am besten regelmäßigen) Termin zu finden, der den Mitarbeitern besser passt.

**Vielen Dank für all die verschiedenen Optionen, aber ich bin immer noch verwirrt. Woher weiß ich, dass die richtigen Teilnehmer bei meinem Major Check-in sind?**
Sie benötigen die richtigen (Anzahl) Teilnehmer in jedem Meeting, um detailliert den Fortschritt von jedem

KR und mögliche Hindernisse diskutieren zu können. Außerdem sollte es möglich sein, dass Entscheidungen dazu getroffen werden können, ob der Mehrwert der Objectives erzielt wird. Vermeiden Sie dabei, dass die Besprechung wird zu einem Entwicklungsgespräch, oder dass nur ein einziges technisches Problem und dessen Lösung in den Fokus gerät.

Manche Teams halten die Major Check-ins in einem Town-Hall-Format, bei dem viele Teams parallel in einem großen Saal tagen. Das Zusammenkommen aller OKR-Teams ist vielleicht schwerer zu organisieren, aber sehr effektiv für siloübergreifende Zusammenarbeit.

## **WANN** sollen wir ein Check-in organisieren?

### Wie oft sollen wir uns für Check-ins treffen?

Viele Kunden streiten sich darüber, ob Weekly Check-ins (wöchentlich) oder Bi-Weeklies (vierzehntägig) besser sind. Wir empfehlen wöchentliche Check-ins, weil OKR so immer auf Ihrer Agenda steht. Außerdem verdoppeln sich Ihre Chancen, Möglichkeiten für eine Zusammenarbeit zu finden. Es reduziert auch die Zeit, die Sie möglicherweise verschwenden würden, auf Antworten zu warten.

### Wie entscheiden Sie, ob Sie ein Minor oder Major Check-in planen und durchführen?

Wie bereits oben erwähnt: Major Check-ins gehen tiefer ins Detail und benötigen mehr Zeit. Wenn also alles glatt läuft, Sie regelmäßige Key-Result-Erfolge feiern können und nicht an Ihren Zielen zweifeln, reicht ein Minor immer aus.

Ein Major Check-in gibt Ihnen Zeit und Raum, nachzudenken. Wir empfehlen allen, die neu mit OKR anfangen, circa zwei oder drei Majors in ihrem ersten Zyklus anzusetzen. Bei einem Zwölf-Wochen-Zyklus hat es sich bewährt, einen Major Check-in um die vierte und einen um die achte Woche zu planen. Das Führungsteam profitiert zudem in der Mitte des Zyklus von einem weiteren Major, in dem besprochen wird, wie sich der Zyklus entwickelt und wie sie bessere Unterstützung bieten könnten. Dies bietet einen guten Zeitpunkt, das Gespräch anzustoßen, was im nächsten Zyklus auf der OKR-Prio-Liste stehen sollte.

## Müssen wir immer ein Major Check-in organisieren, wenn es Details zu diskutieren gibt?

Nein, bestimmt nicht. Wenn es sich in einem Minor Check-in herausstellt, dass zwei Personen eine tiefere Diskussion zu einer Frage benötigen, muss nicht das ganze Team involviert sein.

## An welchem Tag und zu welcher Uhrzeit sollen wir uns treffen?

Vielleicht müssen Sie ein paar Termine ausprobieren, um Ihren Team-Check-in-Sweetspot zu finden. Ich persönlich finde, Freitagmorgen-Meetings funktionieren am besten. Am Donnerstag kann man seine Trackingnotizen durchschauen, um gut vorbereitet zu sein, und am Freitagnachmittag hat man die Zeit, sich noch Gedanken zu machen, wie man die neuen Erkenntnisse aus dem Check-in in der kommenden Woche umsetzt.

Montagnachmittag hat auch seinen Charme: Sie haben noch die ganze Woche vor sich, in der Sie die Themen vorantreiben können.

Montagvormittag dagegen hat sich nicht bewährt, weil jeder erst mal die Zeit braucht, um ein paar dringende Aufgaben zu erledigen, oder, wenn Sie über das Wochenende komplett offline waren, sich erst wieder die Arbeit von letzter Woche ins Gedächtnis zu rufen.

**Wir verlieren jede Woche so viel Zeit, sämtliche OKR-Details im Check-in zu besprechen. Was können wir tun?**

Das ist der Vorteil von Minor und Major Check-ins. Anstatt sich zu streiten, wie oft oder wie lange Ihre Check-ins sein sollen, machen Sie einfach ein relativ kurzes wöchentliches Minor Check-in und rüsten es zu einem Major Check-in erst dann auf, wenn Sie mehr zu diskutieren haben.

**Okay, wir verstehen, was wir tun sollen. Es fällt uns trotzdem schwer, zu wissen, was wir sagen sollen und wie wir die Minor Check-ins kurzhalten sollen – gibt es einen Kompromiss für die Lernphase?**

Die einfache Lösung ist hier, Ihre Agenda jede Woche abzuwechseln, sodass jedes OKR alle vierzehn Tage auf selbiger steht. So treffen Sie sich trotzdem jede Woche und haben die Möglichkeit, unerwartete Themen, die nicht auf der Agenda in dieser Woche standen, während oder nach dem Check-in zu besprechen.

**Selbst bei vierzehntägigen Check-ins diskutieren wir ständig nur die gleichen offenen Themen.**

Dann lesen Sie das Buch doch bitte noch einmal von vorne: Bei OKR geht es darum, Zeit und Mühe in Ihre wahren Prioritäten zu investieren. Die Check-ins sind ein wichtiger Bestandteil Ihrer OKR-Woche. Sie sollten daher keinesfalls das einzige Mal in der Woche sein, dass Sie sich mit Ihren OKRs beschäftigen. Sie sind nur eine Möglichkeit, sich auszutauschen und zu besprechen, was Sie außerhalb des Meetings erzielt haben. Gönnen Sie sich bitte mehr Zeit, sich um Ihre wahren Prioritäten zu kümmern.

## **WARUM** sind Check-ins bei OKR so wichtig?

### Es ist doch bestimmt besser, mehr Zeit ins Machen als ins Reden zu investieren?

Es fällt mir nicht leicht, dem zu widersprechen. Ein Check-in besteht jedoch nicht nur aus reden. Sie sollten reflektieren, denken, neu fokussieren und sich gegenseitig unterstützen. Drei Monate hört sich so lang an, wenn Sie in Ihrem ersten OKR-Zyklus loslegen, aber sie sind schneller vorbei, als Sie schauen können. Daher müssen Sie immer sicherstellen, dass Sie das Richtige tun.

### Welchen Vorteil hat ein Minor Check-in?

Der perfekte Minor Check-in wird Sie Stück für Stück vorwärts schubsen, Hindernisse beseitigen und Sie für die nächsten sieben Tage in die richtige Richtung weisen. Minor Check-ins müssen zügig und auf Umsetzung fokussiert sein, damit alle jede Woche teilnehmen können.

### Sind Major Check-ins wie kleine Milestones or Stagegates?

Nein, ganz und gar nicht. Sie können nicht einfach ein OKR in vorhersehbare Scheibchen zerteilen wie bei einem Stagegate-Projekt der alten Schule.

### Also was sind dann die Vorteile von Major Check-ins?

Wir setzen uns ehrgeizige, oftmals wegweisende und manchmal unerreichbare Objectives. Bei Win WIth OKR setzen wir uns ehrgeizige, oftmals bahnbrechende und manchmal unerreichbare Ziele. Daher haben wir zu Beginn des Zyklus auch viel weniger Einblick, wie wir das Ziel tatsächlich erreichen können, als bei den Prinzipien der Zielsetzung der alten Schule.

Jedes OKR fühlt sich wie ein kleines Forschungsprojekt an, bei dem wir den Code knacken wollen. Wenn wir tief in die Daten und Fakten eintauchen, können wir diese Rätsel lösen. Es ist aber sehr wichtig, dass wir nicht den strategischen Zweck unserer Arbeit aus den Augen verlieren.

Ein Major Check-in bietet außerdem die Möglichkeit, einen Schritt zurückzugehen, neue Erkenntnisse anzuwenden und die anfänglichen Vermutungen zu hinterfragen. Schlussendlich entscheiden Sie dann neu, ob Ihre OKR-Arbeit schon den Mehrwert bringt, den Sie vorhergesagt haben.

## WIE können wir unseren Fokus setzen?

**Wie können wir entscheiden, ob wir ein Key Result fallen lassen, ändern oder lieber doch weiterkämpfen sollen, um es noch zu erreichen?**
Wenn Sie mit OKR gerade erst anfangen, rate ich Ihnen, während der ersten paar Zyklen keine Key Results zu verändern oder zu löschen, wenn Sie feststellen, dass Sie die falschen Ziele verfolgen.

Statt den Text zu löschen, notieren Sie Ihre neuen Erkenntnisse und warum Sie sich nun auf ein effektiveres Ziel konzentrieren in Ihrer Tracking-Timeline. Das kann zum Beispiel lauten: Neues Ziel, um Qualitätsprobleme in den Griff zu bekommen, anstatt dem ursprünglichen Key Result, die Preise zu senken, weiter hinterher zu jagen.

Im Kapitel »Grading« werde ich sehr detailliert darauf eingehen, warum ich Ihnen diesen Ansatz empfehle. Im Wesentlichen geht es darum, dass Sie Ihre Endergebnisse mit den anfänglichen Behauptungen vergleichen und daraus lernen können.

**Und wie ist das mit dem Fallenlassen eines ganzen OKRs?**
Bei OKR geht alles darum, weniger anzufangen und mehr zu Ende zu bringen, aber das ist – wie schon mehrfach erwähnt – nicht immer eine so klare Sache.

Wenn Sie auf Ihr letztes Drittel des Zyklus zusteuern, könnte es sein, dass Sie bemerken, dass Sie nicht alle OKRs in diesem Zyklus erreichen können. Fragen Sie sich ernsthaft, wie Sie Ihre Zeit gut investieren können. Sind Sie zufrieden, wenn Sie nur 80 Prozent der Key Results erreichen? Vielleicht ist es wert, ein OKR fallen zu lassen, wenn Sie stattdessen ein anderes zu 100 Prozent erreichen können?

### Wie lang sollte ein Minor Check-in sein?
Fünfzehn bis fünfundvierzig Minuten. In dieser Zeit sollten Sie alle wichtigen Erkenntnisse im Team geteilt haben, ein paar Fortschritte gefeiert und die eventuellen gemeinsamen Next Steps (zum Beispiel ein Sechsaugengespräch) abgestimmt haben.

### Können wir unser Minor Check-in in ein bereits etabliertes Meeting integrieren?
Ein paar administrative und organisatorische Themen sollten in Meetings besprochen werden und diese sollten von OKR-Prioritäten getrennt bleiben. Ansonsten spricht absolut nichts dagegen, Ihr regelmäßiges Teammeeting für OKR zu benutzen.

Sie müssen nur sicherstellen, dass Sie eine klare Agenda haben und dass jeder weiß, dass die organisatorischen, administrativen Dinge erst ganz zum Schluss dran sind und sich nicht mit der OKR-Arbeit vermischen sollten.

### Unsere Check-ins dauern Stunden. Wie können wir die Zeit verringern?
Lesen Sie sich die Agendapunkte durch, die ich unter »Was« in diesem Kapitel geschrieben habe. Bei Check-ins geht es um Austausch, Kommunikation, Beseitigen von Hürden. Vergewissern Sie sich daher, dass alle Anwesenden verstehen, was besprochen wird beziehungsweise wurde und auch die Konsequenzen kennen, die sich ergeben haben, egal ob gut oder schlecht.

Der Trick besteht darin, die richtige Balance zwischen dem Ansprechen und dem Diskutieren von Problemen herauszufinden. Hier die geläufigsten Gründe für frustrierende Check-ins:

**Alles wurde schon gesagt, aber noch nicht von jedem.**
Wenn Sie dem, was andere sagen, zustimmen, nicken Sie zustimmend. Sie müssen es nicht noch einmal in eigenen Worten wiederholen.

**80 Prozent Konsens + 20 Prozent Kompromiss = 100 Prozent Fortschritt.**
Strategischer Fortschritt ist oftmals nicht die perfekte Lösung, sondern vielmehr der beste Kompromiss. Es gibt nicht sehr oft eine Gruppe mit intelligenten Menschen, die hundertprozentig übereinstimmen. Daher verschwenden Sie die Zeit nicht mit Diskussionen über Ihre Version der zukünftigen feinen Details. Meistens stellt sich eh heraus, dass diese Details im Rückblick anders sind als mit der Glaskugel, egal von wem, vorhergesagt.

**Status-Update ist nicht das gleiche wie Deep Dive.**
Wenn Sie in einem Minor Check-in ein Problem nicht in zwei bis drei Minuten besprechen oder lösen können, dann führen Sie diese Unterhaltung außerhalb des Meetings weiter. Einigen Sie sich auf einen Termin, in dem Sie sich in einer kleineren Gruppe treffen, um dieses Problem zu besprechen – entweder direkt nach diesem Check-in, in einem separaten OKR-Deep-Dive innerhalb dieser Woche oder Sie entscheiden sich für einen Major Check-in im nächsten Treffen.

**Brauchen wir immer diese Minor und Major Check-ins?**
Die goldene Regel hier ist wie mit allen anderen Dingen, die Sie in diesem Buch lesen: Fortschritt verspeist Theorie zum Frühstück. WIN WITH OKR hilft den Teilnehmern, schnell mit OKR Geschwindigkeit aufzunehmen, und so macht sich diese Investition auch schneller bezahlt.

Mit jedem OKR-Zyklus etabliert sich mehr und mehr Ihr OKR-Mindset. Es kann sein, dass Ihre Minor Check-ins so glatt laufen, dass Sie nur sehr selten Major Check-ins benötigen. Es kann auch sein, dass sie sich einfach so ergeben, ohne dass man zwischen Minor und Major unterscheiden muss.

Solange Sie wirklich vorwärtskommen, sich an die in diesem Buch beschriebenen Prinzipien halten und den Überblick behalten, können Sie die Meetings nennen wie Sie wollen und halten wann immer Sie wollen.

**Kapitel 9**

# Grading – Aus Behauptungen werden Erkenntnisse

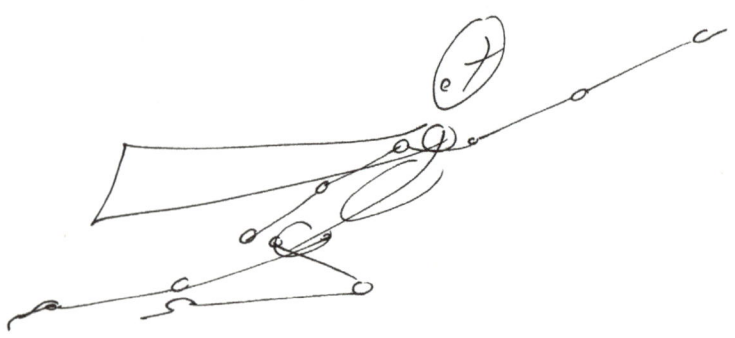

Das Grading ist der stille Held von OKR. Wir haben deswegen viel Zeit in die Weiterentwicklung dieses Prozesses investiert, um die Vorteile dieser Entwicklung bei WIN WITH OKR voll auszuschöpfen.

In unserem Marketing-Material von WIN WITH OKR erklären wir, wie Sie wirklich innovative Lösungen für altbekannte Probleme finden und Fortschritt ohne Rätseln erzielen.

Während dieser Phase des Zyklus werden Sie am meisten für Ihre Mühen belohnt. Leider wird das Grading viel zu oft ignoriert, umschifft oder sogar scharf kritisiert.

Im exzellenten Buch »Black Box Thinking« von Matthew Syed erklärt der Autor, dass die meisten von uns so erzogen worden sind, Versagen schnellstmöglich hinter sich zu lassen. Von Kindesbeinen an begraben wir schlechte Erfahrungen, setzen uns direkt wieder aufs Pferd und schauen immer nach vorne, ohne über das Geschehene zu reflektieren.

Die meisten von uns verlassen sich auf Sätze wie »Übung macht den Meister«.

Wir eilen weg von dem, was wir gerade gemacht haben, als würde uns das alles nichts angehen. Wir beschäftigen uns schnell mit Plänen, die wir als nächstes angehen können und verpassen so eine tolle Gelegenheit, uns weiterzubilden.

Nur die wenigsten wagen sich, tiefer zu forschen und sich Fragen zu stellen wie »Wie genau bin ich vom Pferd gefallen?«, »Was habe ich dabei gelernt? Und welche

Erkenntnisse kann ich daraus ziehen?« oder »Warum war ich überhaupt oben auf diesem Pferd?«.

Wir benutzen Sätze, um uns selbst und andere davon zu überzeugen, dass eine weitere Analyse der Details unnötig ist. Diese Sätze lauten »Unsere Erfahrung zeigt, dass ...« oder schlimmer noch »Wir nehmen an, dass ...«. Ich nehme mich da nicht raus und benutze diese Halbsätze zweifellos öfter in diesem Buch. Allerdings wende ich sie sehr bewusst an.

Ich habe einige Jahre in Turn-Around-Projekten gearbeitet, bei denen jede falsche Annahme sehr kritische Folgen verursachen kann. Durch schmerzliche Erfahrungen habe ich gelernt, solche Sätze erst dann anzuwenden, wenn ich sicher bin, dass sie auf robusten Zahlen-Daten-Fakten basieren.

»Lerne aus Erfahrung! Im Rückblick weißt du mehr!«, kennt jeder. Wir agieren jedoch, als ob diese Weisheiten durch eine Art passive Osmose in uns hineinsickern und sich dadurch festigen. Wenn Sie Bücher wie »Black Box Thinking« lesen und Syeds Ratschläge in der Grading-Session anwenden, werden Sie plötzlich Chancen erkennen, die Sie ansonsten nicht erkannt hätten und somit das Rätsel um Ihren Firmenfortschritt lösen.

## **WAS** ist das richtige Grading-Mindset?

### Was ist Grading?

Grading nennen wir den Vorgang, in dem wir beurteilen, ob unsere OKRs das erzielt haben, was wir erreichen wollten. Ich schreibe »ob unsere OKRs das erzielt haben« sehr bewusst, weil, im Gegensatz zu anderen Zielvereinbarungssystemen, beim OKR-Grading keine Personen beurteilt werden, sondern das Ergebnis.

Wie wir auch schon an anderer Stelle gelesen haben, beinhaltet ein WIN WITH OKR ein spezifisches Objective, das einen spezifischen Mehrwert bringen soll. Wir nehmen an, dass alle Key Results erfüllt werden müssen, um diesen Mehrwert zu erzielen.

Grading ist der Moment im OKR-Prozess, in dem wir uns fragen, wie viel Prozent eines jeden messbaren Key Results erreicht worden ist. Dann beurteilen wir, inwiefern unsere Theorie, dass bei Erreichen aller KRs das O in Erfüllung geht, stimmt, indem wir den erzielten Mehrwert ermitteln.

### Was ist eine Lernkultur oder ein Learning Mindset?

So könnten wir die Mitglieder eines wissbegierigen Teams nennen. Sie verstehen konkrete Themen nicht nur. Sie sollen nicht nur konkrete Probleme lösen. Entscheidend ist: Sie sehen in allem, was ihnen widerfährt, eine Chance zum Lernen. Den Ausdruck »Fail-Fast« hört man heutzutage überall. Dabei ist das Versagen an sich völlig wertlos. Der Mehrwert einer Fail-Fast-Einstellung entsteht erst aus den Erkenntnissen, die Sie aus gemachten Fehlern erlangen, was Ihren zukünftigen Erfolg beschleunigen wird.

### Was versteht man unter einem Outcome-Mindset?

Im Gegensatz zu einem sogenannten Output-Mindset interessieren wir uns hier weniger dafür, wie viel Energie und Zeit für eine Aufgabe investiert worden ist, sondern einzig das Ergebnis dieser Arbeit zählt.

## WARUM graden wir?

### Unser strategisches Zielsystem hat uns seit den Neunzigerjahren gut bedient. Überzeugen Sie mich, warum wir es ändern sollen!

Als ich Mitte der Neunzigerjahre in der Automobilindustrie als Total Quality Management-Champion ausgebildet wurde, erklärte ich neuen Mitarbeitern was Visions, Mission Statements und kritische Erfolgsfaktoren bedeuten. Damals war Strategie alleiniges Thema für den Vorstand. Dieser hat sich vor Weihnachten in Hotels eingeschlossen, um sich temporär mit dem Thema zu beschäftigen.

Die Welt hat sich in den vergangenen dreißig Jahren stark gewandelt und Veränderungen geschehen in immer kürzeren Abständen. Somit ist Strategie heutzutage nicht mehr, etwas auszuführen, sondern etwas zu entdecken. Dabei müssen ständig zahlreiche Variablen in Betracht gezogen werden. Es reicht nicht mehr aus, dass nur ein paar schlaue Köpfe für die nächsten zwölf Monate die Firmenziele festlegen.

**Selbst die einfachsten Zielvereinbarungsansätze stellen am Ende die entscheidende Frage, ob Sie Ihr Ziel erreicht haben oder nicht. Was ist denn anders am OKR-Grading?**
Beim Grading beurteilen wir nicht nur, sondern wir analysieren, ob das Verhältnis zwischen dem, was erledigt wurde und dem, was dabei erzielt wurde, passt. Dazu kommt der Blick auf die Ergebnisse: Sind sie so einträglich wie erwartet, maximieren wir hierdurch unsere Chancen? Mithilfe von OKR-Crafting- und Alignment-Workshops stellt das Grading sicher, dass dieses Wissen im ganzen Unternehmen geteilt und die Umsetzung der paar wenigen wichtigen Dinge beschleunigt wird.

**Okay, ich kann den Vorteil theoretisch schon verstehen, aber der Tag hat nur vierundzwanzig Stunden. Und ich glaube, es ist wichtiger, unsere Zeit in das Craften und Alignen von tollen OKRs für den nächsten Zyklus zu stecken.**
Mit ein wenig Übung werden Sie feststellen, dass das Grading sich allmählich mit allem, was Sie tun, verzahnt. Jeder Check-in bespricht, welches Key Result erreicht wurde und ob dies den erwarteten Mehrwert bringt, der beim Craften des OKRs erwartet wurde.

Darüber hinaus dauert es in etwa zwanzig Minuten pro OKR, um einen guten abschließenden Grading-Report zu schreiben, was einen fabelhaften ersten Schritt Richtung Crafting und Alignment Ihres neuen OKR-Sets darstellt.

## **WER** gradet wen?

### Funktioniert das trotz klarer Hierarchien?

Wie schon erwähnt, ist das Grading kein Top-Down- oder Bottom-Up-Prozess. Wer auch immer an einem OKR arbeitet, wird dessen Ergebnis beurteilen.

Wenn es sich also um ein individuelles OKR handelt, wird es der Einzelne graden. Handelt es sich um ein Tribal- oder Team-OKR, wird diese Gruppe zusammen das Grading durchführen. Und wenn es ein Company-OKR ist, das vom Vorstand erstellt worden ist, muss der Vorstand sich auch die Zeit nehmen, zu beurteilen, was es ergeben hat.

### Wie können wir in unseren Grading-Sessions eine Lernkultur etablieren?

Natürlich spielen auch kulturelle, soziale und ethische Gründe eine Rolle, wie diese Situation gehandhabt wird. Es liegt jedoch ultimativ in den Händen der anwesenden Führungskräfte, hier den richtigen Ton und Umgang zu finden, um zu zeigen, wie man eine Meinung infrage stellt, ohne das Selbstwertgefühl des Betroffenen zu verletzen. Ich habe es schon oft gesagt – »scary« (beängstigende) Ziele sind nicht das Problem. Wir müssen uns eher fürchten vor den scary Bosses (beängstigenden Chefs).

Der beste Ansatz ist immer, soweit es der Reifegrad Ihres Teams zulässt, dass Sie gemeinsam hinterfragen und diskutieren. Dabei kann ich nur empfehlen, dass Sie Ihre ehrliche Meinung einbringen und voneinander lernen.

Wenn Sie noch dabei sind zu lernen, wie man die Wahrheit sagt, lege ich der Führungskraft sehr ans Herz, ein entspanntes Gespräch nach dem Team Check-in zu führen, in dem Meinungen diskutiert werden können und in dem Sie als Führungskraft den Teammitgliedern helfen, eine outcome bezogene Lernkultur als Mindset anzunehmen. Hierbei ist die Vorbildfunktion der Führungskräfte ganz entscheidend.

## Was macht man, wenn man der Bewertung einzelner nicht zustimmt?

Die gute Nachricht ist, dass normalerweise, wenn so etwas passiert, die eigenen Ergebnisse tendenziell eher schlechter und die der anderen besser beurteilt werden. Niemand tut sich schwer damit, einem Kollegen zu sagen »Ich glaube, du bist etwas zu streng. Dein OKR hat viel mehr Wert erzeugt, als du denkst«.

Für manche, die OKR erst gerade kennenlernen, kann es jedoch peinlich sein, oder sie fürchten persönliche Folgen, wenn sie offen zugeben, ein Ziel nicht erreicht zu haben. Dies gilt besonders für Kollegen, die neu in ein Unternehmen mit einem reifen OKR-Mindset eintreten.

## Ist es nicht sehr demotivierend, wenn man es nie schafft, 100 Prozent zu erreichen?

Das ist eine irrtümliche Meinung, die immer eine Herausforderung in Trainings darstellt. Das Problem dabei ist: Bis Sie nicht versucht haben, das Unerreichbare zu erreichen, können Sie sich gar nicht vorstellen wie unglaublich motivierend es ist im Vergleich zu den langweiligen realistischen Zielen.

Es ist traurig zu sehen, was für riesige Mengen an Arbeitskraft von Firmen verschwendet wird, jedes Jahr zu erraten, was vielleicht ein realistisches Ziel sein kann. Und nur sehr wenige schaffen es, ihr realistisches Ziel wirklich zu 100 Prozent zu erreichen. Natürlich sind sie deprimiert, weil sie ihre eigenen Erwartungen nicht erfüllen konnten.

Die Folge davon wird Sandbagging genannt. Einige benötigen zwei oder sogar drei OKR-Zyklen, bis sie endlich ihre gewagte Erleuchtung haben und die Hälfte von etwas wirklich Fantastischem erreichen. Meistens ist das kombiniert mit einem bahnbrechenden Erfolg, sodass ihr Teilerfolg sich wie ein Sprungbrett in eine neue, schöne Welt anfühlt.

**Stimmt es, dass es ein Erfolg ist, wenn man nur 70 Prozent des OKRs erreicht? Bestimmt ist es kein besonders tolles Ergebnis, wenn bloß 70 Prozent der Kunden zufrieden sind?**

Rick Klau, einer meiner OKR-Helden, ist Google Manager. Er war vor einigen Jahren so nett, auf YouTube ein Video mit einigen Tipps zum Umgang mit OKR zu posten. Er hat diese 70-Prozent-Regel als Beispiel, bestenfalls Faustregel, fast beiläufig erwähnt. Im OKR-Beraterkreis wurde er zur Legende, sodass die 70-Prozent-Regel plötzlich zu einem starren Gesetz wurde, was nie seiner Absicht entsprach.

Lassen Sie uns diesen Irrtum endgültig aufklären. 70 Prozent Kundenzufriedenheit ist miserabel! Viel wichtiger – wenn Sie überragende Key Results festlegen, aber von Anfang an nur 70 Prozent davon anstreben, schaffen Sie wahrscheinlich nicht mal das.

Bei OKR greifen wir nach den Sternen! Indem wir versuchen, das Unerreichbare zu erreichen, werden wir gezwungen, uns neue Lösungsansätze auszudenken.

Wenn Sie 70 Prozent von etwas Unerreichbarem erzielen, werden Sie mit dem Outcome zweifellos zufrieden sein. Sie werden sich gleichzeitig anstrengen, im nächsten OKR-Zyklus weit über 100 Prozent hinauszuschießen.

**Wie wirkt sich dies in der Praxis aus?**

Ein COO eines großen multinationalen Konzerns hat mir mal genau diese Frage gestellt. Ich stimme ihm zu, dass nur 100 Prozent Kundenzufriedenheit oder Lieferzuverlässigkeit ein gutes Ergebnis ist. Anschließend bot ich ihm an, mit OKR seine Vorlaufzeit von Auftragsvergabe bis Warenversand um 70 Prozent zu reduzieren, während sein Gewinn um 70 Prozent steigt, und seine Augen begannen zu leuchten.

Ach übrigens: Ich habe mich mit diesem COO auf die Verbesserung einer anderen wichtigen Erfolgskennzahl geeinigt: Seit einigen Jahren hatte sein Team erfolglos versucht, mehr als 56 Prozent zu erreichen. Durch eine hervorragende OKR-Zusammenarbeit stand der Wert drei Monate später auf 96 Prozent. Keiner war damit unzufrieden.

## **WANN** sollen wir graden?

### Gibt es einen richtigen Zeitpunkt?

WIN WITH OKR hat zusätzlich noch eine Grading-Season, die mit dem letzten Drittel Ihres OKR-Zyklus beginnt. Jetzt ist die Zeit gekommen, in der Sie diskutieren sollten, was über die letzten paar Wochen dieses Zyklus noch getan werden kann und muss. In Kombination mit einem Major Review stellt sie einen sehr nützlichen Schritt dar, um Ihre Prioritäten zu hinterfragen und Ihre Mühen gegebenenfalls umzuverteilen, wenn Sie auf die Zielgerade Ihres OKR-Zyklus zusteuern.

### Wann sollen wir unseren Grading Prozess beenden?

Etwa in den letzten beiden Wochen des Zyklus erklären wir den WIN WITH OKR-Anwendern, wie man einen Grading Report erstellt, der als sehr nützlicher Input für den nächsten OKR-Zyklus fungiert.

### Mir wurde gesagt, dass man seine OKRs nicht von einem in den anderen Zyklus mitnehmen soll, obwohl es immer noch Priorität ist. Wäre es nicht ungünstig, aufzuhören, an etwas zu arbeiten, nur weil das Quartal zu Ende ist?

Es gibt einen riesen Unterschied zwischen »ein OKR mit Copy-and-paste in den nächsten Zyklus kopieren« oder »am selben Thema weiterarbeiten«.

Wenn Sie sich im letzten Zyklus sorgfältig um Ihr OKR gekümmert haben, werden Sie eine ganze Menge gelernt haben. Ihre anfänglichen Annahmen diesbezüglich werden sich zweifellos verändern.

Am Ende des Zyklus nehmen Sie sich bitte Zeit, Ihr neues Wissen zu beurteilen. Beschäftigen Sie sich eingehend mit den Daten, damit Sie neue OKRs craften können, die Sie weiterhin in die richtige (das könnte auch eine neue sein) Richtung schieben.

## WIE grade ich zielführend – hilft eine Software?

### Was sind die Hauptschritte in einem Grading-Workflow?

Grading ist ganz einfach: Erinnern Sie sich, als wir OKRs gecraftet haben? Wir nahmen an, dass, wenn wir 100 Prozent aller Key Results erreichen, unser Traum-Objective in Erfüllung geht. Nun, das Grading fragt ganz einfach, ob diese Annahme richtig oder falsch war.

1. Schritt: Wir fragen uns, wie viel Prozent unseres Key Results wir erreicht haben und rechnen dann den Durchschnitt von allen KRs für dieses Objective aus.

2. Schritt: Wir prüfen, ob der Traum des Objectives wahr geworden ist und ob es den erwarteten Mehrwert gebracht hat. Wir raten Ihnen, das mit einer Skala von 1 bis 5 zu machen (1 = gar kein Mehrwert, 5 = fantastisches Ergebnis, manchmal sogar mehr als erwartet).

### Wie kann ich mein Objective messen, wenn es doch nicht messbar ist?

Diese Frage bezieht sich nur auf den WIN-WITH-OKR-Ansatz, weil wir um alles in der Welt messbare Objectives vermeiden. Der Vorteil besteht darin, dass Sie keine gläserne Decke erzeugen und die Herausforderung, etwas Nichtmessbares zu graden, ist genau das, was wir erreichen wollen.

Einfach nur Häkchen setzen und Aufgaben erfüllen ist toll in einer Projektmanagement-Umgebung. Bei OKR geht es darum, einen strategischen Vorteil zu erlangen und den allgemeinen Wert Ihrer Organisation zu erhöhen.

Wenn Sie versuchen, den Wert all Ihrer Ergebnisse zu graden, müssen Sie darüber nachdenken, ob Ihre OKR-Erfolge wirklich den erwarteten Nutzen erbracht haben oder nicht.

### Wieso entsprechen die Noten eines Objectives nicht einfach den Noten unserer KRs?

Das sehen wir sehr häufig beim ersten Grading: Weil jemand 64 Prozent seiner Key Results erzielt hat, gibt er seinem Objective eine 3 von 5. Manchmal stimmt das, aber wenn wir das etwas hinterfragen, stellt sich oft heraus, dass die Note für das Objective nicht zutreffend ist.

Nach diesen Phänomenen halten wir Ausschau! Wir möchten verstehen, warum und wie das Erreichen von 20 Prozent des Key Results ein supertolles Ergebnis mit 5 von 5 erbringen konnte oder wie es sein kann, dass wenn die Key Results zu 100 Prozent erreicht worden sind, kein wirklicher Nutzen dabei herausgekommen ist. Genau dort lösen wir die Rätsel des Fortschritts.

### Wie können wir unsere Individual-Grades in die Team- oder Company-Grades einfließen lassen?

Tut mir wirklich leid, aber das ist mal wieder ein Überbleibsel der altherkömmlichen Zielvereinbarungssysteme: Alle Ziele müssen sich zu einem logischen Muster zusammenfügen. Natürlich sollte die individuelle und die Tribal-OKR-Arbeit auch auf die Company-OKRs einzahlen, aber ich empfehle, dass Sie jedes OKR als eigene Einheit graden und dabei etwas lernen, anstatt Zeit damit zu verschwenden, Durchschnittszahlen zu verwässern, indem Sie sie einfach so zusammenfassen.

**Aber meine OKR-Software hat ein so cooles Dashboard, das die Gesamtleistung zusammenfasst.**
Das liegt wahrscheinlich daran, dass der Entwickler die Macht der Distributed Decision Making nicht versteht. Oder der Hersteller will einfach nur ein paar Funktionen verkaufen. Diese Instrumententafeln können interessante Einblicke ermöglichen, während man OKR einführt. Eine Firma mit einem echten OKR-Mindset muss ihr Engagement nicht messen. Das Team wird von innen heraus dieses Engagement bringen und nicht deshalb, weil die Zentrale es überwacht.

**Aber meine OKR-Software zeigt mir den durchschnittlichen Prozentsatz von all meinen KRs und hat keine Zeile, in der ich das Objective graden könnte. Was soll ich da tun?**
Holen Sie sich eine andere Software!

**Ich kann mein KR nicht messen. Wie soll ich es graden?**
Das Tolle an OKR ist, dass es ein geschlossener Kreislauf ist. Wenn wir beim Craften Abkürzungen genommen haben, wird uns das beim Grading teuer zu stehen kommen.

Jede Grading-Session ist nicht nur eine tolle Gelegenheit, etwas über den Inhalt Ihrer OKRs zu lernen, sondern auch darüber, wie Sie OKR beim nächsten Mal besser machen können.

Sollten Sie den Fehler begangen haben, ein nichtmessbares KR zu definieren, bleibt Ihnen nichts anderes übrig, als im Nachhinein zu fragen, welche Messeinheit hier am besten gepasst hätte. Danach müssen Sie sich fragen, ob sich diese Kennzahl durch Ihre OKR-Arbeit entwickelt hat.

Wenn Sie überhaupt kein Maß finden, das passt, werden Sie wahrscheinlich feststellen, dass es sich bei Ihrem Key Result um eine reine Aufgabe handelte: Setzen Sie einfach eine Prozentzahl nach Ihrem Bauchgefühl, machen Sie weiter und versprechen Sie sich, nie wieder ein nichtmessbares Key Result zu setzen.

**Können wir eine Standardskala für Teilerfolge eines All-or-Nothing-Key-Results benutzen, die man teilweise erreicht hat – zum Beispiel 25 Prozent für: neue Kunden identifizieren, 50 Prozent: Anruf bei neuen Kunden, 75 Prozent: Angebot zugeschickt …?**
Nein, tut mir leid. Binäre Key Results sind unsinnig und 25/50/75-Skalen in dem Zusammenhang messen generell nur, ob eine Aufgabe erfüllt wurde.

In fast allen Fällen können Sie binäre KRs durch ein skalierbares Ziel ersetzen:

»Auftrag von Neuem Kunden GmbH erhalten« könnte ersetzt werden durch »€ 100.000 Umsatz gewonnen mit Neuem Kunden GmbH« oder »Erste fünf Aufträge von Neuem Kunden GmbH erhalten«.

Binäre KRs zu vermeiden ist übrigens nicht nur eine theoretische Übung. Es führt zu viel effektiveren KRs, die wiederum zu viel bedeutungsvolleren OKR-Ergebnissen führen.

**Wir haben unsere KRs nicht wirklich erfüllt, haben jedoch richtig gute Arbeit geleistet. Welche Note sollen wir uns geben?**
Sorry, KRs sind Ziele, die erreicht werden müssen. In einer Outcome-Kultur gibt es keine Punkte für viel Mühe.

Menschen sprechen davon, sich Punkte zu geben, weil sie zu sehr an das traditionelle Messen von persönlicher Leistung gewöhnt sind.

Ich schätze unsere fantastischen Teamanstrengungen und beurteile nur sehr selten persönlich einen Einzelnen. Wenn wir ein Ziel nicht erreichen, interessiert mich noch viel weniger, wie viele mögliche Kunden wir angerufen oder wie lange wir gearbeitet haben. Die Anzahl der Aufträge, die wir gewonnen haben, oder die der Rechnungen, die bezahlt worden sind – diesen Zahlen gebührt unser Interesse, denn sie ist entscheidend.

### Was sollte zuerst gegradet werden: Company-, Team- oder Individual-OKRs?

Es gibt keine feste Regel, an die man sich unbedingt halten muss. Ich bevorzuge hier einen Bottom-Up-Ansatz, weil alle dann besser vorbereitet sind, wenn Sie sich zur Besprechung treffen.

Obwohl OKR kein Wasserfall-Framework ist, sollte jedes Individual-OKR natürlich einen positiven Einfluss auf die OKRs des Teams oder Tribes haben, die wiederum die Company-Objectives unterstützen. Ich würde also typischerweise mein eigenes OKR in Vorbereitung auf das Team-Grading zuerst graden. Genauso sollte Ihr Team-Lead zuerst mit seinem Team sprechen, bevor er die Company-OKRs gradet.

### Wie passt das Messen von persönlicher Leistung mit dem OKR-Ansatz von unerreichbaren Zielen zusammen?

Ich kann es nicht häufig genug betonen: OKR misst die Firmen- und Systemleistungen, aber sollte niemals für die Bewertung verwendet werden, ob eine Person versagt hat oder nicht. Wir sind alle Menschen. Und es ist viel einfacher, ein systemisches Versagen zu analysieren, was dazu geführt hat, dass ein Ziel nicht erreicht worden ist, als zuzugeben, dass wir etwas vermasselt haben. Das hört sich vielleicht wie Schummeln oder ein Ausweichmanöver an, um persönliches Fehlverhalten nicht zu diskutieren, aber kehren wir wieder zu GiGo zurück: Sind Ihre OKRs gut gecraftet, hat die persönliche Leistungsfrage im Grading-Prozess nichts zu suchen.

Das bedeutet nicht, dass Führungskräfte, die in einer OKR-Umgebung arbeiten, ihr Team grundsätzlich nicht mehr kritisieren und weiterentwickeln dürfen. Das ist nach wie vor eine der wichtigsten Verantwortlichkeiten einer Führungskraft, egal wie modern oder agil ihr Unternehmen ist. Es heißt einfach nur, dass die persönliche Leistung und das OKR-Grading zwei komplett verschiedene Themen sind.

## Wie verbinden wir finanzielle Prämien und Bonuszahlungen mit diesen hochgesteckten Zielen?

Wenn Ihnen ein Coach erzählt, Sie könnten OKRs mit einem persönlichen Bonussystem koppeln, können Sie davon ausgehen, dass derjenige lediglich den Auftrag von Ihnen erhalten will – oder die Person nicht ausreichend OKR-Erfahrung hat.

Egal wie ehrlich Sie und Ihr Team sind: Die menschliche Psyche kann es einfach nicht bewältigen, wenn der Prozess des Träumens von wagemutigen Objectives und unerreichbaren Key Results damit kombiniert wird, wie viel Geld wir schlussendlich verdienen.

## Denken Sie also, dass moderne Firmen keine Boni auszahlen sollten?

Ich ermutige Firmen ganz bestimmt dazu, ihre Mitarbeiter finanziell zu belohnen und glaube an eine globale Überschussbeteiligung. Team Incentives und individuelle Dankeschöns sind gesunde extrinsische Motivatoren. Dieser Prozess *muss* jedoch losgekoppelt von OKR stattfinden.

Kapitel 10

# All Hands – Eine OKR-Kultur für das ganze Unternehmen

Sowohl unsere Kunden als auch ich sind immer wieder völlig verblüfft, welche fantastischen Veränderungen durch OKR in nur zwölf Wochen erreicht werden können. Wie im Kapitel »Grading« erklärt, ist es unverzeihlich, wenn man auch nur die kleinste wertvolle Information, die aus Ihrer OKR-Arbeit hervorgeht und in die Sie so viel Zeit investiert haben, einfach unbeachtet liegen lässt. Das All-Hands-Event ist nun der letzte Teil in Ihrem OKR-Zyklus.

Laden Sie so viele Teilnehmer, wie Sie sich trauen, zu diesem feierlichen Event ein, mit der Absicht, das Gelernte und Erzielte der vergangenen zwölf Wochen so weit wie möglich in Ihrer Organisation zu verbreiten. Gleichzeitig stimmen Sie hier die Top-Prioritäten der kommenden Wochen ab. Die Big Wins stehen natürlich dabei im Rampenlicht.

Wie so vieles in diesem Buch ist auch ein gutes All-Hands-Event viel einfacher zu realisieren, als zu beschreiben. Es gibt viele Variablen, die Sie in Betracht ziehen sollten, zum Beispiel die Größe Ihres Teams, wo Sie arbeiten, ob alle schon OKR nutzen oder ob Sie sich vielleicht gerade mitten in einem mehrstufigen Roll-Out befinden. Aber mit etwas Menschenverstand werden Sie für sich schon das richtige Format finden können.

In unserem WIN-WITH-OKR-Programm ermutigen wir die Teams, gut vorbereitet in ihre All-Hands-Events zu gehen. Hierzu könnten möglicherweise vorab Treffen vor Ort oder ein Tribal-Meeting stattfinden, um die Hauptinformationen und Überschriften herauszufiltern, die Sie mit Ihren Kollegen innerhalb der ganzen Organisation teilen möchten. Der Grading-Prozess, den ich im vorherigen Kapitel erklärt habe, wäre zum Beispiel eine exzellente Gelegenheit hierfür: Was haben wir erreicht? Wo haben wir versagt? Was haben wir gelernt? Auf welche OKRs möchten wir uns als nächstes konzentrieren? All dies sind Fragen, die in einem All-Hands-Event geteilt werden sollten. Das Wichtige dabei ist, die für Ihre Organisation richtige Granulation und den entsprechenden Detaillierungsgrad zu finden.

Vielleicht brauchen Sie ein paar Anläufe, Ihr Format zu perfektionieren. Wenn Sie es aber richtig machen, ist das All-Hands Bestandteil eines Winning-Teams, das eine klare Vorstellung davon hat, an was es als nächstes arbeiten soll. Manchmal haben sie dann sogar schon ein volles OKR-Set definiert und stehen somit in den Startlöchern – bereit für Ihren nächsten Zyklus.

## **WAS** ist ein All-Hands-Event?

### Was sollte auf einer typischen All-Hands-Agenda stehen?

Relativ kurze Präsentationen, die klar zeigen, was Sie durch Ihre letzten OKR-Ergebnisse gelernt und erreicht haben und mit welchen neuen OKRs Sie für den nächsten Zyklus planen. Wenn Sie meinem Rat aus dem letzten Kapitel gefolgt sind, sollte Ihr WIN-WITH-OKR-Grading Report ziemlich genau diesen Input bereitstellen.

### Müssen wir jedes einzelne OKR präsentieren, an dem wir gearbeitet haben?

Ein schlechtes All-Hands kann so schmerzhaft wie Zähneziehen sein. Egal wie motiviert ihr Team ist, stundenlange inhaltsarme Präsentationen stehen nicht auf der All-Hands-Agenda. Hüten Sie sich davor, sämtliche Details von allen OKRs zu präsentieren, auch wenn dies bedeutet, dass einzelne Personen nur einen geringen Beitrag an diesem Tag leisten.

Vielleicht müssen Sie beim ersten Versuch diesen schmerzhaften Prozess durchlaufen. Grundsätzlich gilt: Das All-Hands-Event sollte nur die interessanten, bedeutungsvollen Dinge rückmelden.

Wenn Sie gut vorbereitet sind, sollte ein lokales Team-Grading alle für Ihr Team nötigen Details abhandeln. Wie bei so vielen Dingen im Arbeitsleben gilt auch hier: Je größer die Gruppe, desto mehr müssen Sie die Details beim Vorstellen Ihrer Ergebnisse vor einem größeren Publikum filtern und sich auf das Wesentliche fokussieren.

Es ist ebenfalls empfehlenswert, überdurchschnittlich viel Zeit während des Events für spontane Gespräche in kleineren Gruppen einzuplanen. Das nennen wir manchmal Marktplatz. Anhand der Anzahl dieser Gespräche mit den Vortragenden können Sie sofort erkennen, ob der Detaillierungsgrad der Präsentation richtig gewählt war.

### Was genau ist also ein All-Hands-Event?

Es gibt verdächtig wenige Ratschläge im Internet, wie man ein All-Hands-Event gestalten soll. Wahrscheinlich, weil es keine Standards geben kann. Wir haben mittlerweile alle nur erdenklichen verschiedenen OKR-Events geplant, vorbereitet und moderiert:

Von Events im Karussellstil, bei dem die Teilnehmer alle fünfzehn Minuten zu einer anderen Informationsinsel rotieren, bis hin zu reinen Collaboration-Marktplätzen, bei denen sich jeder einfach unter die Menge mischt und sich mit den Informationsinseln auseinandersetzt, die ihn am meisten interessieren.

Wir haben Filme erstellt, die dann international an alle Kollegen in größeren Firmensparten verteilt wurden, und haben dies mit digitalen Interaktionswerkzeugen unterstützt. Aber wir haben auch richtig fantastische Bühnenvorträge der alten Schule moderiert. Sie sehen, Ihrer Kreativität sind keine Grenzen gesetzt!

## WARUM machen alle mit?

### Welchen messbaren Mehrwert bietet ein All-Hands-Event?

Ein gutes WIN-WITH-OKR-All-Hands-Event wird zwei Dinge erfüllen: Es kultiviert Teamarbeit und verhindert Doppelarbeit.

Zusätzlich zu den offensichtlichen, motivierenden Vorteilen, wird ein All-Hands-Event sicherstellen, dass all die Haupterkenntnisse, sprich die schmerzhaften Lernerfahrungen und die bedeutenden Erfolge des letzten OKR-Zyklus, schnell innerhalb der gesamten Organisation verbreitet werden – oder zumindest unter all den Kollegen, die zu dem Event eingeladen worden sind. Es fördert das Lernumfeld, hier zu erfahren, wo durch OKR-Erzählungen die nächste große Sache inspiriert wird und wie innovative Herausforderungen schneller gelöst werden können. So erfahren die Leute dann außerdem, wen sie ansprechen können, wenn sie einen Ratschlag brauchen.

Wenn Ihr Format stimmt, sind am Ende des Events (oder kurz danach) Ihre Abstimmung der Prioritäten und das nächste OKR-Set so ziemlich abgesegnet und geklärt.

### Was könnte schiefgehen, wenn wir kein All-Hands-Event machen?

Sie würden die Chancen, die ich in der letzten Antwort erwähnt habe, verpassen. Außerdem: Ein All-Hands-Event ist ein Abschluss und macht den Teilnehmern bewusst, dass sie sich nun für ihren nächsten Zyklus vorbereiten und verpflichten sollten.

Es hört sich vielleicht komisch an, aber ohne diesen Abschluss mit einem Paukenschlag passiert es häufig, dass Teams noch an ihren alten OKRs herumspielen. So verlieren sie die ersten zwei Wochen des nächsten Zyklus, bis sie sich der neuen OKRs bewusst werden.

## **WANN** planen wir ein All-Hands-Event?

### Inwieweit bedingt der Zweck den Zeitpunkt?

Es ist im Wesentlichen das Event, das den letzten Zyklus beendet und den nächsten eröffnet. Es gibt aber auch ein paar Variationsmöglichkeiten, die Sie hier in Betracht ziehen können.

### Wir fangen also direkt nach dem All-Hands-Event mit dem Crafting an?

Klar, wenn Sie das möchten, können Sie das All-Hands-Event dafür nutzen, die Top-Down-Prioritäten zu verkünden – und dann können die Leute mit ihren nächsten Crafting-Sessions beginnen. Bei WIN WITH OKR machen wir es jedoch etwas anders.

Wir legen sehr viel Wert darauf, dass das gesamte Team in die gleiche strategische Richtung des Unternehmens läuft. Daher ermutigen wir die Teams, sich gut für das All-Hands-Event vorzubereiten. So craften (oder zumindest entwerfen) sie bereits beim Grading ihrer letzten OKR-Sets – wie schon beschrieben – ihre nächsten OKR-Vorschläge.

### Wie soll unser Team ohne Richtung von oben craften?

Wie in den vergangenen Kapiteln erwähnt, darf man Grading, Crafting und das All-Hands-Event nicht als drei getrennte Ereignisse betrachten. Die eher prozessgesteuerten Menschen, deren Komfortzone mehr beim Abhaken von To-do-Listen liegt, tun sich mit diesem Schritt des Kulturwandels enorm schwer.

Der erste OKR-Zyklus ist der schwierigste. Aber wenn Sie meinen Ratschlägen in diesem Buch gefolgt sind, haben Sie regelmäßige Check-ins mit Ihren Kollegen durchgeführt, so wie es auch Ihr Führungsteam in seinem Kreis gemacht hat. Wir empfehlen diesen Führungskräften, bereits in der Mitte des laufenden Zyklus ihre ersten Gedanken zu den Firmen-Prioritäten des nächsten Zyklus anzustoßen. Diese Prioritäten werden jedoch erst nach Einsicht der Teamvorschläge vollständig abgeschlossen.

Beim OKR-Mindset steht Strategie auf der Tagesordnung und sorgt dafür, dass jeder am Gespräch beteiligt ist. Wenn diese Kultur einmal etabliert ist, benötigt es keine starren Prozessschritte, um den Informationsfluss zu gewährleisten.

## **WER** macht was?

### Wer sollte das All-Hands-Event vorbereiten?

Das ist ganz sicher ein Event, das von Ihrem OKR-Trainer oder Ihrem/n internen OKR-Champion(s) organisiert werden sollte.

### Braucht man einen externen Moderator?

Ich denke, dass dies besonders am Anfang sehr hilfreich ist. Nicht nur, weil ein professioneller Moderator unabhängig und geschult ist, sondern auch, weil ein »neues Gesicht« die Gruppendynamik verändern kann und Gespräche fördert, die dadurch einen anderen Verlauf nehmen können als gewöhnlich.

### Wer sollte bei einem All-Hands-Event präsentieren?

Am besten sollte jeder Einzelne, jedes Team oder jeder Tribe, der an einem OKR gearbeitet hat, seine eigenen Ergebnisse, Erkenntnisse und zukünftigen Pläne vorstellen. Dies ist natürlich in einer sehr großen Organisation nicht möglich. Hier kommen dann die Tribal-, Team- und Abteilungs-OKRs ins Spiel. Benutzen Sie Ihren gesunden Menschenverstand und Ihre Event-Erfahrung: Wenn die Präsentation für jedes OKR-Set etwa fünfzehn bis zwanzig Minuten benötigt, können Sie nur eine begrenzte Anzahl von Präsentationen einplanen.

### Wer sollte an dem All-Hands-Event teilnehmen?

Meiner Meinung nach: Je mehr, desto besser. Während des ersten Zyklus könnte es sein, dass Sie es noch eher im kleinen Kreis abhalten. Aber auch hier könnten Sie ein benachbartes Team und Kollegen, mit denen Sie Schnittmengen haben, einladen. Das ist nicht nur für die Vortragenden motivierend, es wird außerdem den Lerneffekt des Events weiter ausbauen und Innovation fördern.

### Gibt es eine maximale Anzahl von Teilnehmern, die Sie empfehlen?

Wie bei jedem Event: Die Grenze ist erreicht, wenn die Anzahl der Teilnehmer Einfluss auf den Detaillierungsgrad nimmt.

In der Vergangenheit haben wir immer mal vorab Filme aufgenommen und somit das Event live innerhalb des ganzen Konzerns übertragen. Das hatte stets eine extrem mächtige Wirkung! Hierbei ist jedoch sehr wichtig, die Filme zum Beispiel mit Online-Team-Interaktion zu verbinden, damit die Meetings interessant bleiben und ein Zugehörigkeitsgefühl fördern.

Als wir zum ersten Mal die vorab aufgenommenen Filme nutzten, war ich völlig überrascht, wie wichtig es für alle internationalen Kollegen war, dass sie die Filme gleichzeitig mit ihrem Tribe anschauten, egal in welcher Zeitzone sie lebten.

**Sollte unser CEO an dem Event teilnehmen oder würde das die Fail-Fast-Gespräche verhindern?**
Angenommen, Ihr CEO führt mit einem OKR-Mindset, dann wird seine Teilnahme diese Kultur beflügeln.

Je höhergestellt die teilnehmenden Manager sind, desto mehr Gewicht hat dieses Event. Dies ist eine nicht zu unterschätzende Botschaft an Ihre gesamte Organisation.

Die obersten Führungskräfte sind außerdem in der Organisation gut vernetzt und daher fantastische Botschafter sowohl für OKR als auch für die tollen Neuigkeiten, die Sie teilen möchten.

**Ich habe aber die Sorge, dass unsere Führungskräfte jegliche Unterhaltung zum Stocken bringen.**
Erinnern Sie sich daran, dass scary Ziele nicht das Problem sind. Scary Bosses sind es. Sie töten die Innovation, also haben Sie möglicherweise recht.

Leider ist es wirklich so, dass OKR in Ihrem Team nicht funktionieren kann, wenn Ihr direkter Vorgesetzter keine Lernkultur unterstützt, sich immer reden hören will, Mitarbeiter kleinmacht und beschimpft, wenn sie ihre Leistung nicht erbringen.

Das Resultat ist häufig eine teure To-do-Liste, bei der die Mitarbeiter ihre niedrigen Ziele als große Herausforderung darstellen. Hier handelt es sich wieder um

Sandbagging, was oft auftritt, um sich vor einer Flut an Beschwerden zu schützen.

## WIE holen wir das meiste aus unserem Event?

### Wie können wir herausfinden, welches Eventformat zu uns passt?

Es kommt darauf an, dass Sie den Umfang und die spezifischen Herausforderungen, denen Sie gegenüberstehen, festlegen. Wie groß ist Ihre Organisation? In wie vielen verschiedenen Teams arbeiten Ihre Mitarbeiter und Kollegen? Müssen Sie diese Silos erst mal herunterbrechen? Wie viele Leute haben täglich miteinander zu tun und wollen Sie hier etwas ändern? Wie viele verschiedene Standorte haben sie? Wie mobil arbeiten sie? In wie vielen Zeitzonen arbeiten sie und wie viele Sprachen müssen Sie möglicherweise in Betracht ziehen?

Die Antwort auf diese Fragen und noch einige andere Faktoren helfen Ihnen, den Umfang Ihres All-Hands-Events festzulegen. Es könnte ein schneller Austausch vor Ort sein oder ein multinationales interaktives Web-Event. Fangen Sie wie immer an, zuerst den Zweck, den das All-Hands-Event erfüllen soll, abzuklären.

Zusätzlich zu den OKR-Vorteilen, die ich oben aufgeführt habe, sollten Sie zum Beispiel klären, ob Sie möchten, dass die Mitarbeiter enger zusammenwachsen. Außerdem sollten Sie noch ein paar Spaßfaktoren zu dem Event beifügen. Wenn Ihre Hauptsorge zum Beispiel begrenzte Innovation ist, sollten Sie ein paar richtig geniale Ergebnisse vorstellen oder einen attraktiven Preis für das größte Versagen vergeben. Die Liste der Möglichkeiten ist unendlich, aber es lohnt sich auf jeden Fall, hier ein paar Gedanken zu investieren, um herauszufinden, was für Sie richtig ist.

Wenn Sie es beim ersten Mal nicht richtig hinbekommen, lernen Sie daraus und passen Sie das Format beim nächsten Mal dementsprechend an.

### Also, wir packen alle zusammen in einen Raum und warten auf ein Wunder?

Nein, nicht ganz! In der Vorbereitung liegt die Krux. Sie müssen überlegen, wer sprechen soll, wie Sie präsentieren wollen und wie Sie oder jemand anderes die Kommentare, Ideen und nächsten Schritte wirksam festhält. Es ist wichtig, dass das Event schön fließt und dass alle nachfolgenden Unterhaltungen mit dem richtigen Detaillierungsgrad stattfinden. Sie sollten das Wie definieren, bevor Sie anfangen, damit das alles auch so geschehen kann, wie Sie sich das als Verantwortlicher oder Organisator vorstellen.

### Wie mache ich das All-Hands-Event spannend?

Egal, ob Sie in einem Raum aufeinandertreffen oder weltweit gemeinsam Filme anschauen – ich kann Ihnen nur raten, regelmäßige Pausen einzuplanen.

Ein gutes All-Hands-Event ist vollgepackt mit nützlichem Wissen und Inspirationen von einer großen Dichte, an die wir im täglichen Leben nicht gewöhnt sind. Es ist auch eine Gelegenheit, mal mit Kollegen, die man nicht häufig spricht, zu plaudern. Dies ist auch eine sehr wirkungsvolle Art, mit alten Gewohnheiten zu brechen und neue Chancen zu entdecken.

Also: Besser mehr Pausen, als Sie in einem normalen Event oder Meeting planen würden.

**Wie können wir sicherstellen, dass diese tollen Ideen und neuen Gedanken nach dem Event nicht in Vergessenheit geraten?**

Ich stelle gern spezifische Fragen für die Pausen und vergebe Aufgaben für verschiedene Breakout-Sessions.

Ich organisiere es so, dass jemand anderes verantwortlich für das Festhalten dieser Gedanken ist, während ich moderiere. Verteilen Sie vorher diese Aufgaben und Verantwortlichkeiten genau.

Wie mit allen Dingen ist es wirklich nützlich, die Gedanken zum Beispiel im Cartoon-Stil oder in einem technischeren Workflow-Format festzuhalten.

**Nach solchen großen Events passiert oft nichts. Was sollen wir dieses Mal dagegen tun?**

Es ist sehr wichtig, dass Sie jemanden haben, deren Aufgabe als OKR-Champion es ist, die besprochenen Ergebnisse nachzuhalten und voranzutreiben. Es ist auch sehr effektiv, wenn man sofort damit beginnt.

Wie mit vielen Dingen im Leben ist der erste Schritt häufig der schwierigste. Wenn Sie es irgendwie ermöglichen können, fangen Sie noch während des Events damit an. Das kann so etwas Einfaches sein wie zum Beispiel das Publikum nach seiner Meinung zu einer geplanten neuen Idee zu befragen.

Nachdem Sie den ganzen Tag Ideen gesammelt haben, nehmen Sie sich die Zeit, alle zu sichten und auf jeden Fall einen Wash-Up mit allen Teilnehmern als Tagesabschluss einzuplanen: Beschreiben Sie darin zum Beispiel die größte Neuigkeit des Tages oder die Rätsel, die Sie gestellt haben und die in den nächsten Wochen gelöst werden müssen. Erinnern Sie alle daran, welche nächsten Hauptschritte nun anstehen, und schließen Sie damit, dass Sie die höchsten Prioritäten, die auf der Agenda Ihrer Organisation stehen, noch einmal wiederholen.

Laden Sie eine hochgestellte Führungskraft zu Ihrem Wash-Up ein, falls sie nicht sowieso bereits den ganzen Tag beim Event anwesend war, um die Wichtigkeit dieser Veranstaltung noch einmal zu unterstreichen.

**Kapitel 11**

# WIN WITH OKR – A Force for Good

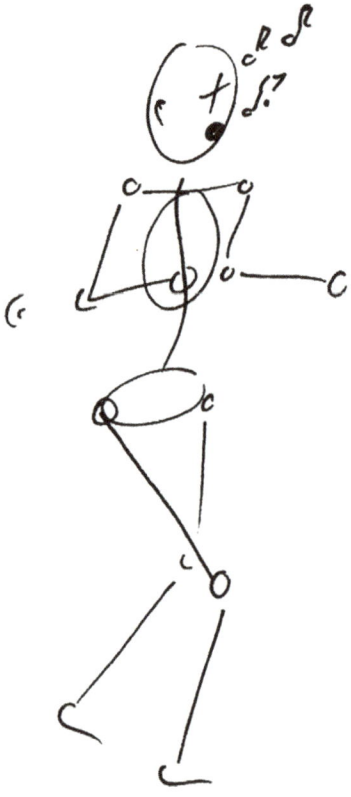

Die Absicht meines Buchs ist es, OKR für jeden in der Welt zugänglicher zu machen und jedem zu ermöglichen, erfolgreicher damit zu arbeiten.

Mit den OKR-Prinzipien kann Ihre Organisation schnell und einfach Antworten auf alte Probleme finden, das Team wieder motivieren und innovative Wege zu Leistungsfähigkeit entdecken.

Es wurde schon sehr viel über Objectives and Key Results geschrieben – welche großen Firmen es nutzen und welch beträchtlichen Einfluss es auf ihren Geschäftserfolg hatte. Nur sehr wenig ist jedoch darüber bekannt, wie Sie die richtige OKR-Haltung finden, wie Sie anfänglichen Frust vermeiden und schlussendlich schnell davon profitieren können.

Genau wie ich von anderen gelernt habe, möchte ich Ihnen mein Wissen und meine Erfahrung zur Verfügung stellen, sodass wir gemeinsam die weitere Entwicklung von OKR vorantreiben können. Ich hoffe sehr, dass ich irgendwann in Ihrem Buch lesen kann und neue Impulse von Ihnen dort erfahre.

Achtsam angewendet, ist Objectives and Key Results ein wirklicher Game-Changer. Es kennt keine Grenzen und ich wünsche mir wirklich, dass dieses Buch dabei hilft, Gutes zu bewirken, um die entscheidenden Herausforderungen unserer Zeit zu meistern.

Für die internen Champions, die dieses Buch lesen, wünsche ich jeden Erfolg und empfehle Ihnen, alle Tipps und Tricks aus diesem Buch in Ihrer eigenen Organisation auszuprobieren beziehungsweise anzuwenden.

Versuchen Sie nicht, Google, Zalando oder Spotify zu kopieren. Machen Sie sich OKR zu eigen. Benutzen Sie dieses Buch als Inspiration und zur Orientierung, damit Sie OKR für Ihre Bedürfnisse anpassen können.

Für die vielerlei OKR-Trainer und Software-Anbieter da draußen:

Dieses Buch soll uns allen helfen, unsere Kunden bestens zu bedienen, und ich teile unser Wissen so frei, damit der Ruf von OKR am Markt als Force for Good insgesamt bestätigt wird.

Es gibt genügend Kunden für uns alle. Bitte benutzen Sie die WIN-WITH-OKR-Methodik bis auf Widerruf in Ihren eigenen Projekten, aber denken Sie dabei daran, den Autor Ihrer Quelle zu erwähnen, wie es sich gehört und wie auch ich es in diesem Buch getan habe.

**Kapitel 12**

# Ziel erreicht

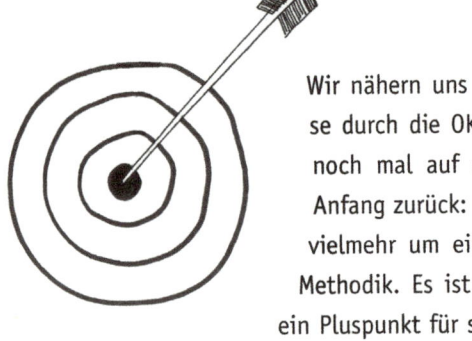

Wir nähern uns dem Ende unserer Reise durch die OKR-Welt und ich komme noch mal auf die Kernbotschaft vom Anfang zurück: Bei OKR handelt es sich vielmehr um ein Mindset als um eine Methodik. Es ist einfach anzuwenden – ein Pluspunkt für sich – und mit der OKR-Firmenkultur versetzen Sie Berge!

OKR verbindet die beiden Punkte Zielsetzung und Zielerreichung, damit Sie Ihre Aktivitäten in regelmäßigen, kurzen Intervallen (normalerweise drei Monate) anpassen können. Dadurch sind Sie immer am Puls der Zeit und fördern Zusammenarbeit mit anderen. Außerdem entwickelt sich eine Lernkultur, die sich ganz und gar auf die paar wichtigen Dinge konzentriert, die wirklich einen Einfluss auf Ihr Betriebsergebnis haben.

## OKR ist keine Zauberei

Es braucht Leidenschaft und den Willen zum Erfolg.

Wir beschreiben OKR als Mindset, weil es viel wirkungsvoller ist, sich mit Offenheit an seinen positiven Prinzipien zu orientieren, als die einzelnen hier in diesem Buch beschriebenen Prozessschritte brav abzuarbeiten.

Alle Kapitel in diesem Buch haben das Was, Warum, Wie, Wer und Wann für jedes Element des OKR-Puzzles erklärt. Ich kann es nachvollziehen, wenn Sie beim Lesen manchmal gedacht haben, OKR wäre zu kompliziert und zeitintensiv. Die gute Nachricht ist aber, dass sich mit ein wenig Übung viele meiner Anweisungen und Tipps zu einer einfachen und unkomplizierten Arbeitsweise vereinen. Mit der Zeit machen Sie kein Crafting, Alignment, Tracking, keine Check-ins und kein Grading, sondern handeln täglich entsprechend Ihrer Prinzipien.

Ich habe es oft gesagt: Bei OKR verspeist Fortschritt die Theorie zum Frühstück! Denn es hat sich als das Beste herausgestellt, wenn man bei OKR den Dingen einfach ihren Lauf lässt.

Ihr erster OKR-Zyklus wird nicht perfekt sein und es ist ein interessantes Überraschungsei von OKR, dass der erste Zyklus praktisch ein Transparenzwerkzeug ist. Er zeigt Ihnen und Ihren Kollegen, welcher Teil Ihrer Firmenkultur Sie bisher zurückgehalten hat.

Manchmal treffen wir Teams, die es wirklich draufhaben, sich gewagte Ziele zu setzen, aber bei der Umsetzung stolpern. Dann wieder gibt es Teams, die in ihrem ersten Zyklus völlig langweilige, aufgabenmäßige OKRs setzen, die dank ihrer fantastischen Leistungsbereitschaft aber lernen, wie viel weiter sie mit Traumzielen gekommen wären. Manch Vorgesetzter lernt, dass er viel zu sehr Top-Down arbeitet, andere wiederum erkennen, dass ihr Team eine klarere Richtung benötigt und so weiter.

Meine Firma heißt Progress Factors und alle Berater unseres Teams sind Progress Coaches, weil wir dafür brennen, dass die Dinge sich weiterentwickeln und sich etwas bewegt. Bei diesen unglaublichen Entwicklungen stellen wir die Beschleuniger dar.

Unser Purpose ist »Helping people to love their job«. Wir sehen es als unsere Berufung an, Menschen dabei zu helfen, wieder Spaß bei der Arbeit zu haben. Dabei verbinden wir die Mühe, die sich jeder Einzelne jeden Tag gibt, mit dem Sinn dieser täglichen Arbeit.

OKR passt so gut zu unserem Portfolio, weil dieser äußerst zielgerichtete Ansatz nicht nur hilft, die eigenen Erwartungen zu übertreffen, sondern auch das eigene Selbstwertgefühl und Wohlbefinden erhöht, während man dies tut.

Häufig habe ich Begriffe wie fantastisch, erfolgreich, mächtig und unglaublich verwendet, um die Vorteile von

OKR zu erklären. Mein Herzenswunsch ist nun, dass ich Sie mit diesem Buch davon überzeugen konnte, dass OKR auch Ihre Mitarbeiter motivieren wird, bessere Ergebnisse zu erzielen und dabei auch persönlich zu gewinnen. Ich wünsche mir, dass ich Sie dazu inspirieren konnte, mit WIN WITH OKR auch in Ihrem Bereich neue innovative Ideen zu entdecken.

### Wenn wir es versuchen ...? Können wir sicher sein, dass OKR unserer Firma auch hilft?

Ich könnte Ihnen so viele verschiedene Erfolgsgeschichten von SAAS-Start-ups, die jedes Jahr ihre Größe verdoppelten, über Finanzabteilungen von hundert Jahre alten Firmen zu Produktionsbereichen von Biomed-Giganten erzählen.

Ich habe einmal eine Firma beraten mit mehreren Zehntausend Mitarbeitern. Wir haben herausgefunden, dass die IT-, Einkauf- und HR-Abteilungen alle völlig unabhängig voneinander E-Learning-Projekte laufen hatten. Parallel zueinander, jeweils mit anderen externen Lieferanten, haben sie riesige Summen Geld ausgegeben, um die gleichen Fragen zu beantworten.

In einem anderen internationalen Projekt hat ein Service-Desk-Team untereinander weltweit seine bewährten Methoden ausgetauscht. So haben dessen Mitglieder gelernt, ihr gemeinsames Objective, »Jeden Tag mit gutem Gewissen pünktlich nach Hause gehen«, zu erreichen. Weil sie nicht mehr jeder für sich in Silos arbeiteten, erhöhte sich ihre Produktivität so sehr, dass sie es auch schafften, ihren Ticket-Backlog innerhalb von drei Monaten um die Hälfte zu reduzieren. Alles durch die Einführung von OKR.

Vielleicht sind Sie die nächste Erfolgsgeschichte. Dann erzählen Sie uns bitte davon!

### Wie viele Zyklen brauchen wir, bis wir den Mehrwert spüren?

OKR ist eine wirklich mächtige Kraft und bisher konnten wir in jedem ersten Quartal positive Überraschungen erzielen. Das Beste dabei ist, dass Sie immer größeren Nutzen aus OKR ziehen werden, je länger Sie damit arbeiten.

WIN WITH OKR ist im Grunde ein Zwölf-Wochen-Programm, wir werden jedoch in der Regel von unseren Kunden beauftragt, sie auf ihrem Weg für ein Jahr zu unterstützen. Während wir ihnen dabei helfen, OKR in der ganzen Organisation zu implementieren, begleiten wir alle ihre Anwender und unterstützen sie bei ihren ersten OKR-Erfahrungen.

Realistisch gesehen benötigen Firmen circa neun bis zwölf Monate, bis OKR komplett in ihre Kultur eingebettet ist, natürlich nur unter der Voraussetzung, dass die Führungsebene von Anfang an voll und ganz dahintersteht.

### Wie wirkt sich OKR auf unsere Gruppendynamik aus?

Die Vorteile, die es bringt, sich wirklich nur auf Ihre wenigen wichtigen Prioritäten zu konzentrieren, werden sehr deutlich. Der datenbasierte Ansatz wird Ihnen außerdem helfen, genau zu erkennen, was diese Prioritäten sind. Ihre Kollegen werden endlos lange To-do-Listen und Behauptungen ohne Belege nicht mehr akzeptieren.

Nach einer Weile, mit ein bisschen Übung, werden Sie feststellen, dass Sie weniger Zeit damit verbringen, zu diskutieren, ob irgendetwas möglich ist, und diese Zeit stattdessen dafür verwenden, Pläne zu schmieden, wie etwas möglich gemacht werden kann. Sie werden anschließend Ihre Mittel effektiver einsetzen können, um es ultimativ auch tatsächlich zu tun.

Schlussendlich ist aus meiner Sicht das stärkste Argument: Teams lernen, dass ein halbes Boot einfach nicht schwimmen kann, denn wir sind alle voneinander abhängig. Sie werden enger zusammenwachsen, die Silowände einreißen, automatisch zusammenarbeiten und sich austauschen, sodass Sie wieder gemeinsam in Richtung Erfolg segeln können.

Ich wünsche Ihnen alles Gute auf Ihrer OKR-Reise und würde mich freuen, wenn Sie Ihre Erfahrungen mit mir teilen. Schicken Sie mir eine Nachricht und berichten mir von Ihren Erfolgen, Misserfolgen und lehrreichen Momenten. Ich bin gespannt, wie OKR auch Ihren Arbeitsplatz verändern wird.

# Anhang

# Glossar WIN WITH OKR

### 10×
Eine 10×-Kultur verfolgt das Ziel, 10× besser zu werden bei einer Aktivität. Sie will, dass Ihre Produktion oder Ihr Service 10× besser wird als der beste, der sich gerade auf dem Markt befindet.

### Alignment
Wie Sie Prioritäten abstimmen und wie Sie ausreichend Arbeitszeitkapazitäten einplanen, damit sich die jeweiligen OKRs gegenseitig unterstützen (oder zumindest nicht behindern).

### All-Hands
Letzter Teil im OKR-Zyklus, besteht aus kurzen Präsentationen, die klar zeigen, was Sie durch Ihre letzten OKR-Ergebnisse gelernt und erreicht haben und mit welchen neuen OKRs Sie für den nächsten Zyklus planen.

### Bottleneck of Growth
Der Begriff »Bottleneck« (Flaschenhals) wird in der Geschäftswelt verwendet, um den begrenzten Faktor in einem System zu bezeichnen. Führungskräfte, die darauf bestehen, an jeder Entscheidung beteiligt zu sein, verlangsamen unweigerlich den Fortschritt ihrer Organisation, sodass sie nur langsamer wachsen kann.

### Cadence
Das ist einfach ein anderes Wort für Takt oder Frequenz. So können Sie zum Beispiel eine Dreimonats-OKR-Zyklus-Cadence haben oder eine wöchentliche Check-in-Cadence.

### Check-in
Regelmäßige Meetings, in denen der Fortschritt und die Herausforderung von jedem OKR besprochen wird.

### Command and Control

»Anordnen und Kontrollieren« beschreibt den altmodischen Führungsstil, bei dem ein Manager seinem Mitarbeiter vorschreibt, was er zu tun oder zu denken hat. Anschließend muss er kontrollieren, ob der Mitarbeiter seinen Willen auch umgesetzt hat.

### Company-OKR

Sie geben entweder die grobe Richtung des Unternehmens vor oder sind außerordentliche Projekte, die einen wesentlichen Beitrag zum weiteren Geschäftserfolg beitragen.

### Crafting

Definieren und Schreiben eines OKRs.

### Departmental- oder Abteilungs-OKR

Ein OKR, das eine bestimmte Abteilung/ein bestimmtes Department in einem Unternehmen betrifft.

### Delivery-OKR

Ein OKR mit dem Fokus, ein richtig gutes Ergebnis zu erzielen bezüglich einer Tätigkeit, die wir schon sehr oft gemacht haben: Zum Beispiel ein neues Produkt einführen.

### Discovery-OKR

Sie beziehen sich auf völlig neue Ideen. Dadurch liegt ein größerer Fokus auf Innovation.

### GiGo – Garbage-in-Garbage-Out

Garbage bedeutet Müll. Der Garbage-In-Garbage-Out-Effekt wurde von den ersten Programmier-Pionieren verwendet, um zu beschreiben, dass, wenn Sie unsinnige Informationen in ein Computerprogramm eingeben, Sie auch unsinnige Antworten daraus erhalten. Mit anderen Worten, wenn Sie nutzlose Ziele setzen, bekommen Sie auch nutzlose Ergebnisse.

### Grading
So nennen wir den Vorgang, in dem wir beurteilen, ob unsere OKRs das erzielt haben, was wir erreichen wollten.

### Growth Mindset
Dieses Mindset beschreibt Menschen, die daran glauben, dass sie durch Lernen ihre Fähigkeiten entwickeln. Dieser Glaube ermutigt sie, immer wieder etwas Neues zu versuchen und zu entdecken, was wiederum dazu beiträgt, dass sie wachsen können.

### Individual-OKR
Ein OKR für ein individuelles Ziel.

### Jahres-OKR (Yearly)
Ein OKR, das für ein gesamtes Jahr gesetzt wird und so erst nach einem Jahr/am Jahresende erreicht werden muss.

### Key Result
Ein messbares Ziel, das einem Objective zugeordnet ist und dazu dient, dieses Objective zu verwirklichen.

### Learning Mindset
Das ist bei einem wissbegierigen Team vorhanden. Sie verstehen konkrete Themen nicht nur. Sie sollen nicht nur konkrete Probleme lösen. Entscheidend ist: Sie sehen in allem, was ihnen widerfährt, eine Chance zum Lernen.

### MbO
Management by Objectives (MbO) (zu Deutsch: Führung/Führen durch Zielvereinbarung) ist eine Art zu führen aus der Betriebswirtschaftslehre, die 1954 von Peter Ferdinand Drucker entwickelt wurde.

### Moonshot
Ein Moonshot ist ein sehr hochgestecktes Ziel, ohne dass man wirklich weiß, wie man es erreichen soll – als würde man auf dem Mond landen.

## Major Check-in

Ein Major Check-in dauert länger und hat in den meisten Fällen mehr Teilnehmer, weil es tiefer in die Details geht. Ein Major Check-in gibt die Gelegenheit, innezuhalten und Ihre Vorgehensweise grundsätzlich zu überdenken.

## Minor Check-in

Das Minor Check-in ist ziemlich kurz. Hier steht der Austausch vom aktuellen Stand der Dinge und wie man diese vorantreiben kann im Fokus.

## Objective

Visionärer Zustand, den man unbedingt erreichen möchte.

## OKR

Objectives and Key Result ist ein zweistufiger Ansatz für strategische Zielvorgaben. Er besteht aus Objectives und Key Results. Ein OKR beinhaltet ein Paket von Zielen mit einem Objectice (O) und bis zu vier Key Results (KR).

## OKR-Champions

Dies sind Ihre ersten internen Ansprechpartner für alles in Sachen OKR. Anfangs besteht ihre Funktion darin, alle Schulungen zu organisieren. Im Laufe der Zeit entwickeln sie sich dank intensivem Coaching zum internen Berater, der alle OKR-Events eigenständig koordiniert und moderiert.

## OKR-Set

Satz von OKRs, die man gegenwärtig vorantreibt.

## OKR-Spreadsheet

Eine Tabelle oder ein ähnliches »handgemachtes« Tool, um OKRs zu erfassen und zu verfolgen und damit zu arbeiten.

## OKR-Zyklus

Mit dem OKR-Zyklus wird der Zeitabstand zwischen den OKR-Zielsetzungen gemessen. In vielen Fällen arbeiten OKR-Anwender mit Zwölf- und Dreimonatszyklen parallel, sodass jährliche und Quartalsziele gleichzeitig angestrebt werden können.

### Open-Source-Ansatz
Wörtlich aus dem Englischen übersetzt, heißt es »Freie Quelle«. Gemeint ist damit die freie Verfügbarkeit des Software-Quellcodes, der im Rahmen von Open-Source-Lizenzmodellen unentgeltlich genutzt und verändert werden kann. Im Open-Source-Ansatz bei Niven und Lamorte wird den Lesern geraten, OKR an ihre Bedürfnisse anzupassen, über den Gedanken also frei zu verfügen.

### Outcome-Kultur
Hier ist uninteressant, wie hart gearbeitet wird (Output), weil nur das Erzielen der Ergebnisse (Outcome) zählt.

### Output-Kultur
Die Output-Kultur misst Erfolg daran, wie viel Mühe und Energie benötigt wird, um etwas zu erreichen.

### Quartals-OKR (Quarterly)
Ein OKR, das in einem Vierteljahr (drei Monate/zwölf Wochen) erfüllt sein muss.

### Retro
In einem Retro oder einer Retrospektive denken wir über die Effektivität der Methodik nach (Wie agil haben wir gearbeitet, wie können wir besser arbeiten?).

### Review
Im agilen Projektmanagement sind Reviews dazu da, einen Fortschritt zu besprechen (Was hat sich verbessert?).

### Roofshot
Hochgestecktes Ziel, aber nicht ganz so hoch wie bis zum Mond (eher bis zum Hausdach ;-)).

## SAAS

Dies bedeutet »Software as a Service«. Fast alle modernen Softwares werden nicht auf CD gebrannt, mit einer Zahlung gekauft und nach Hause versendet, sondern sie werden in einer Cloud gespeichert und ihre Anwender zahlen eine Monatsgebühr, um sie zu benutzen.

## Sandbagging

Ziele bewusst zu niedrig setzen, nicht ambitioniert genug sein.

## Stagegate

Ein Kontrollmechanismus einer Gruppe, den man auch häufig Lenkungskreis (Steering Committee) nennt. Es überprüft, ob ein Projektmanager und sein Team alle notwendigen Vorgaben erfüllt haben, bevor es die nächste Projektphase in Angriff nimmt.

## Tracking

Festhalten wichtiger Gedanken im OKR-Zyklus und der erste Schritt, der hilft, einfache Lösungen für uralte Probleme zu finden und neue Ideen zu identifizieren, die waghalsige Ziele möglich machen.

## Transition Journey

Der Begriff beschreibt den organisatorischen Wandel, der sich nicht nur auf den Wandel selbst bezieht, sondern auch auf das Mindset derjenigen, die sich auf diese Reise begeben.

## Tribal-OKR

OKRs, die eine Kleingruppe betreffen.

## Vanity Statistics

Sie werden in Eric Ries' »Lean Startup« als Feel-Good- oder Wohlfühlfaktor-Kennzahlen, die zu einem gefährlichen, irrtümlichen Sicherheitsgefühl in Teams führen, beschrieben. In der Produktion haben viele Führungskräfte ein gutes Gefühl, wenn alle Maschinen produzieren. Aber wofür herstellen, wenn es keinen Kunden für dieses Produkt gibt?

### Wash-Up

Kurzes Treffen am Ende des Tages als Resümee und Ausblick: Beschreiben Sie darin zum Beispiel die größte Neuigkeit des Tages oder die Rätsel, die Sie gestellt haben und die in den nächsten Wochen gelöst werden müssen.

## Literaturquellen und Links

Martin Amor, Alex Pellew (2015): The Idea in You. How to Find It, Build It and Change Your Life. Penguin Random House, London, UK.

Dean Burnett (2018): Unser verrücktes Gehirn. Über Blackouts, Aberglaube, Seekrankheit – wie uns das Gehirn austrickst. C. Bertelsmann, München.

Grant Cardone (2011): The 10× Rule. The Only Difference Between Success and Failure. Wiley, Hoboken, New Jersey, USA.

John Doerr (2017): Measure What Matters. OKR – The Simple Idea That Drives 10× Growth. Penguin Random House, London, UK.

Peter F. Drucker (2001): The Essential Drucker. The Best of Sixty Years of Peter Drucker's Essential Writings on Management. Collins Business Essentials, New York, USA.

James Espey (2014): Making Your Marque. 100 Tips to Build your Personal Brand and Succeed in Business. Whitefox, London.

Kevin Fong (2020): 13 minutes to the moon. Meet the team. https://www.bbc.co.uk/programmes/articles/4M6k9xRD72VxQpNxMZ0J8d9/13-minutes-to-the-moon-meet-the-team, abgerufen am 10. September 2020.

Daniel Goleman (1996): Emotional Intelligence. Why it can matter more than IQ. Bloomsbury Publishing, London, UK.

Jim Highsmith, Martin Fowler et al. (2001–2019): The Agile Manifesto.

Daniel Kahnemann (2011): Thinking, Fast and Slow. Penguin Books, London, UK.

Rick Klau (2013): Startup Lab workshop. How Google sets goals: OKRs. https://www.youtube.com/watch?v=mJB83EZtAjc, abgerufen am 10. September 2020.

Jeroen Kraaijenbrink (2015): The Strategy Handbook Part 1. Strategy Generation. Effectual Strategy Press, Doetinchem, Niederlande.

Jeroen Kraaijenbrink (2018): The Strategy Handbook Part 2. Strategy Execution. Effectual Strategy Press, Doetinchem, Niederlande.

Mikael Krogerus, Roman Tschäppeler (2008): 50 Erfolgsmodelle. Kleines Handbuch für strategische Entscheidungen. Kein&Aber, Zürich, Schweiz.

Mikael Krogerus, Roman Tschäppeler (2011): The Change Book. Fifty models to explain how things happen. Profile Books Ltd., London, UK.

Paul R. Niven, Ben Lamorte (2016): Objectives and Key Results. Driving Focus, Alignment, and Engagement with OKRs. Wiley, Hoboken, New Jersey, USA.

Richard Reed (2016): If I could tell you just one thing … Encounters with remarkable people and their most valuable advice. Canongate Books Ltd., Edinburgh, UK.

Eric Ries: The Lean Startup. Penguin Books Ltd. London (UK)

Eric Schmidt, Jonathan Rosenberg (2014): How Google works. John Murray, London, UK.

Judith Hicks Stiehm, Nicholas W. Townsend (2002): The U.S. Army War College: Military Education in a Democracy. Temple University Press, Philadelphia, Vereinigte Staaten.

John Strelecky, (2007): The Big Five for Life. A Story of One Man and Leadership's Greatest Secret. Piatkus, London, UK.

Matthew Syed (2015): Black Box Thinking. Marginal Gains and the Secrets of High Performance. John Murray, London, UK.

Frank Thelen, Markus Schorn (2020): 10× DNA. Das Mindset der Zukunft. Frank Thelen Media, Bonn.

Steve Wozniak, Gina Smith (2006): iWoz. The Autobiography of the Man Who Started the Computer Revolution. Headline Review, London, UK.

Christina Wodtke (2016): Radical Focus. Achieving Your Most Important Goals with Objectives and Key Results. Cwodtke.com, abgerufen am 10. September 2020.

# Abbildungsverzeichnis

**Isabel Meyer** Autorenfoto Seite 9

**Carola Stanforth** Illustrationen auf den Seiten 14, 20, 21, 50, 74, 76, 94, 118, 125, 142, 146, 158, 160/61, 178, 194, 208, 212, 216

**Progress Factors/Sabine Kempke** Abbildungen auf den Seiten 36, 60–62, 99, 121

**Flystock** (www.Shutterstock.com) Radfahrer Seite 43

www.storyblocks.com, Radfahrer Seite 64

**HD in History** (https://unsplash.com) Astronaut Seite 96

**Radoslaw Prekurat** (https://unsplash.com), Fahrrad Seite 143

**Simon Connellan** (https://unsplash.com), Fahrrad Seite 147

**Progress Factors** Autorenfoto Seite 174

**Alexander Kirch** (https://unsplash.com), Scary Boss Seite 201

# Win With OKR

Nick Stanforth
**Win With OKR**
Your Fast Track to Awesome OKR
1. Auflage 2020

228 Seiten; 24,95 Euro
ISBN 978-3-86980-575-7; Art.-Nr.: 1065

OKR, aka Objectives and Key results, makes the difference between setting strategic goals and actually achieving them. Entire teams focus on those few important things, which truly make a difference, bringing purpose, agility and transparency to the work they do. In three-month sprints, companies take quantum leaps and innovative pivots, whilst their teams establish a learning culture, constantly questioning how to not if they can overdeliver on the next audacious targets.

The power of OKR is truly impressive, but how should a team practically decide which priorities to ignore for three months? How does a leader let go a little without letting go too much? How do teams deal with the challenge of de-prioritizing their own dreams in order to support their colleagues and how do individuals learn to collaborate and deliver 10x more without sacrificing their personal wellbeing in the process?

Whilst the OKR methodology is simple to describe and easy to understand, experienced OKR practitioners know that the mindset behind this methodology is the true key to a successful implementation and return on energy invested.

As one of Europe's first ever OKR consultants, our author Nick Stanforth shares his ground-breaking approach to a swift, successful and enjoyable OKR implementation for the first time. He shares valuable insights, gathered whilst training hundreds of OKR practitioners in the most diverse markets and coaching them throughout their transformation journey.

Regardless whether you are new to OKR or have been working with the methodology for years; whether you are a manager, team mate, agile PO or even an OKR trainer yourself, Nick goes beyond the standard theory of OKR and shares real-life examples of how his international client-base made OKR their own, repeatedly delivering audacious results and solving age-old puzzles in astonishingly short timeframes.

# Der Code agiler Organisationen

Stefanie Puckett
**Der Code agiler Organisationen**
Das Playbook für den Wandel zur agilen Organisationskultur
1. Auflage 2020

252 Seiten; 24,95 Euro
ISBN 978-3-86980-482-8; Art.-Nr.: 1081

Die Unternehmenskultur ist die größte Herausforderung und größter Stellhebel zugleich, wenn es darum geht, eine agile Organisation zu formen. Wie aber lässt sich das Konzept Organisationskultur auf handlungsrelevanter Ebene greifbar machen? Was macht eine agile Kultur aus? Was sind ihre Elemente? Wie formt und entwickelt sich diese Kultur? Wo sind die Ansatzpunkte und wo liegen Fallstricke? Was funktioniert in der Praxis wirklich?

Pucketts Buch liefert Antworten auf diese Fragen und zeigt, wie sich die Unternehmenskultur gestalten und formen lässt. Dabei taucht es in die Organisationspsychologie ein und übersetzt die Erkenntnisse in praktische Handlungsempfehlungen. Auf Basis von Analysen agiler Organisationen und solcher in Transformation, wird der Code agiler Unternehmenskultur entschlüsselt. Die Kernelemente agiler Organisationskulturen werden definiert und anhand von Beispielen anschaulich beschrieben. Das Buch ist gefüllt mit Kultur-Hacks, praxiserprobten Tipps, Werkzeugen und Methoden.

Puckett gelingt ein völlig neuer Blick auf den Begriff Organisationskultur. Denn es liegt in unseren Händen, die Kultur zu formen: Als Einzelne, als Team, als Führungskraft. Wir sind Unternehmenskultur! Dieses Playbook lädt zum Experimentieren und Gestalten ein und zeigt anschaulich, wie Organisationen der agile Wandel gelingt.

## www.BusinessVillage.de

# Lean Presentation

Peter Daiser
**LEAN PRESENTATION**
Das Playbook für schlanke Präsentationen
1. Auflage 2019

246 Seiten; 24,95 Euro
ISBN 978-3-86980-446-0; Art.-Nr.: 1065

Manche Präsentationen sind großartig – die meisten jedoch leider einfallslos, langweilig und ohne klare Message. Obwohl sie mit großem Aufwand erstellt wurden, verfehlen sie die gewünschte Wirkung und verschwinden sang- und klanglos – als ob es sie nie gegeben hätte.

Warum ist das so? Was macht eine wirklich gute Präsentation aus? Und wie machen wir es besser?

Antworten darauf liefert Daisers neues Buch. Der Professor und Berater räumt mit dem Irrglauben auf, dass Präsentationen vollständige Informationsunterlagen sein müssen und nur wunderschön gestylte Folien enthalten dürfen, die Emotionen transportieren. Er beschreitet einen anderen Weg. Mit seiner einfachen, systematischen und praxiserprobten Vorgehensweise lassen sich zügig inhaltlich und visuell überzeugende Präsentationen gestalten – selbst zu komplexen Sachverhalten. In diesem Playbook steckt das geballte Erfahrungswissen für schlanke Präsentationen, die begeistern.

**www.BusinessVillage.de**

# Projekte starten mit Design Thinking

Jens Otto Lange
**Projekte starten mit Design Thinking**
Kreative Konzeptfindung mit System
1. Auflage 2020

270 Seiten; 24,95 Euro
ISBN 978-3-86980-464-4; Art.-Nr.: 1058

Projektarbeit gehört in vielen Unternehmen zur Tagesordnung. Ob Digitalisierung, Innovationsvorhaben, Change oder neue Produkte und Services, sie haben eins gemein: Sie starten als Projekt. Design Thinking hilft, sie zum Erfolg zu führen.

Doch für welche Projektthemen eignet sich Design Thinking? Wie lassen sich cross-funktionale Teams aufstellen? Welche Voraussetzungen braucht die Kreativarbeit noch?

Langes Buch gibt Antworten auf diese Fragen. Konkret und anschaulich illustriert es den Einsatz von Design Thinking für den Start und das Scoping von Projekten. Schritt für Schritt zeigt es auf, wie du Design Thinking-Workshops planst, um schnell Konzeptideen für komplexe Fragestellungen zu entwickeln.

Langes Playbook lädt zum Mitmachen und Mitdenken ein und vermittelt praxisorientiert die Anwendung der wichtigsten Denkwerkzeuge für die Gestaltung kreativer Konzeptfindungsprozesse zur Lösung komplexer Problemstellungen.

www.BusinessVillage.de